LOCUS

LOCUS

LOCUS

LOCUS

touch

對於變化，我們需要的不是觀察。而是接觸。

---

a *touch* book
Locus Publishing Company
11F, 25, Sec. 4, Nan-King East Road, Taipei, Taiwan
ISBN-13:978-986-7059-42-0 ISBN-10:986-7059-42-5
Chinese Language Edition

Results
By Gary L. Neilson & Bruce A. Pasternack

December 2006, First Edition
Printed in Taiwan

從後果到成果
作者：賈利・尼爾遜（Gary L. Neilson）
布魯斯・巴斯特納（Bruce A. Pasternack）
譯者：林茂昌
責任編輯：張碧芬　美術編輯：何萍萍
法律顧問：全理法律事務所董安丹律師
出版者：大塊文化出版股份有限公司　www.locuspublishing.com
台北市105南京東路四段25號11樓　**讀者服務專線：0800-006689**
TEL:(02)8712-3898　FAX:(02)8712-3897
郵撥帳號：18955675　戶名：大塊文化出版股份有限公司

總經銷：大和書報圖書股份有限公司　地址：臺北縣五股工業區五工五路2號
TEL:(02)8990-2588（代表號）　FAX:(02)2290-1658
排版：天翼電腦排版印刷股份有限公司　製版：源耕印刷事業有限公司
初版一刷：2006年12月

定價：新台幣320元

touch

從後果到成果

非凡績效來自企業基因不斷強化，任何體質的企業都能更上層樓

Results

Keep What's Good, Fix What's Wrong, and Unlock Great Performance

博思艾倫諮詢公司

Gary L. Neilson & Bruce A. Pasternack

林茂昌 譯

目錄

1
基因療法
企業組織的診斷，以及持續的改善行動

爲什麼有些企業，在面對挫折打擊時，
可以像拳擊手般躍動閃躲，從容因應，
進而年年實現企業承諾，創造輝煌成果？
而另一些企業則好像被自己的鞋帶絆住，
倒在拳擊台角落，無法脫困？
要回答這問題，我們得先仔細觀察，
表象之下，究竟是怎麼回事。

爲什麼有些企業，在面對挫折打擊時，可以像拳擊手般躍動閃躲，從容因應，進而年年實現企業承諾，創造輝煌成果？而另一些企業則好像被自己的鞋帶絆住，倒在拳擊台角落，無法脫困？要回答這問題，我們得先仔細觀察，表象之下，究竟是怎麼回事。

ZZ電子公司

在四月某日，接近中午時候，朱蒂・迪葛拉斯與喬治・蘇利文剛從公司的季經營會議出來，兩人對於執行長比爾・柯立根在會中所講的事，有一段深入的對話。朱蒂是「ZZ電子公司」（虛擬公司名）核心媒體產品事業部新來的業務經理，對於執行長的談話，她感到相當興奮。柯立根在會中宣布，公司有一項很重要的新產品，不但可以促進業務成長，還可提升公司在業界的地位，成爲龍頭。這項產品與過去相較，效能更佳，成本更低，而且可以使公司日漸衰微的品牌形象，重振雄風。公司預定於聖誕節之前發布這項新產品，屆時，所有的願景也將一一實現。

而喬治，相反的，卻意興闌珊。喬治是個待了十五年的老人了，擔任市場研究部經理，這齣戲碼，他看多了，也知道結局如何。高官就曉得畫大餠，卻不知道提供作戰部隊，達成願景所需資源——不只是人員與經費，還有資訊、授權，以及獎勵辦法。喬治心知肚明，這只是另一個失敗的「每月一案」罷了。當然，他雖然憤世嫉俗，總算還是和其他人一樣，舉起手來給執行長柯立根看，喊著使命必達之類的口號。

「一起去吃中飯吧！」喬治邀朱蒂。

「謝了，我今天得在自己的位置上吃了，下午我必須召集小組的人，開腦力激盪會議，我到現在還不知道該怎樣做，才能在假期採購季檔期之前，完成所有的工作。」

「朱蒂，給妳一個良心的建議，要保重啊，要不然你會受不了的。咱們公司不可能準時在聖誕節之前把事情搞定的，不值得爲這件事鞠躬盡瘁吧！我在ＺＺ電子十五年了，就從來沒見過什麼時候，我們可以在六個月之內弄出一個新產品，這次也一樣。上一波裁員，我們部門被砍了十個，剩下來的人，全都在忙上星期的緊急市調案。如果有人在開會前問我對於這個新計畫的看法，我會告訴他，根本沒指望。」

「是嗎？可是執行長說，我們這次要把時程縮短一半，我也認爲可行。」朱蒂堅定地說道：「我們有業界最優秀的工程師，只要幾個晚上和週末，大家加班拚一下，就可以趕上進度了。」

喬治輕聲笑道：「好吧，那就加油吧！我很佩服你的精神，朱蒂。」

朱蒂回到了辦公室，卻發現空無一人。原來，她的同事都出去用餐了，就像喬治一樣。朱蒂只好自己一個人先起個頭，擬出行動計畫，並以電子郵件發送給各相關部門及人員，只要是她認爲可以幫得上忙的，她都發了。可是過了整整一個星期，還是一點兒回應也沒有。朱蒂只好希望，沒有回應，表示大家都同意了，而且，他們正在忙著她的計畫，但是她不免要懷疑，也許，喬治才是對的。

此時，行銷部已經對外發布新聞稿，而且產業分析師也紛紛討論起該公司的新產品。這項新產品更好、更快，而且更便宜，聖誕節前將在各地正式上市。在這個節骨眼上，公司內部實際達成狀況，以及外界對於公司的期望，就好像兩列對開的火車，在同一軌道上急駛而來，慘禍即將發生。

首先遭殃的是執行長。

到了九月底第三季末時，新產品無法如期出貨，ZZ電子的股價於是暴跌，執行長柯立根在金融投資圈的信譽也同樣地一落千丈。董事會感受到市場不滿的怒潮，立即將柯立根撤職，改由一位資深董事暫時打理公司事務。在還沒找到正式領導人之前，大家當然不知道新領導人會給公司帶來什麼樣的變革，於是，整個公司竟不知何去何從。

喬治與朱蒂在年底時又聚在一起共進午餐，這次，喬治興致勃勃，反而是朱蒂學乖了，有些悶悶不樂。她當時所發的電子郵件不僅得不到任何回應，還被她老闆責備未經允許，擅作主張亂發電子郵件給其他部門。從此，她在工作上就受到了限制。

「你當時說得眞對。」她點了一杯酒，順便認輸。

「不，妳才是對的。」喬治說道：「照說，我們原本可以在市場上一路領先，而不是像現在，一路狼狽到底。以我們公司的實力，至少也應該有一點點起碼的表現，而不是只能號稱擁有業界最好的人才。我早就不再去想以前兩個執行長的事了。」

◎

企業，基本上是一群人爲共同目標而工作的集合。同樣的說法也適用於政府及慈善機構。然而，任何曾經在組織裡頭工作過的人，都可以直接感受到，員工個人行爲，才是整體組織績效的基礎；無論組織是大、是小、是公共部門、還是私人企業；也無論員工個人行爲對組織而言，是正面，或是負面。喬治的「等著瞧」態度、朱蒂所受到的打擊，以及行銷部門無視於新產品實際狀況的輕率態度，都是員工個人的不良行爲，影響到整體組織績效的例子。或許今天市場對企業的要求更爲嚴苛，或許執行長在出事時應該要負一部分的責任。但是，眞正的敵人，通常隱藏在深層的內部。誠如我們曾經共事過的一位中階主管所言：「我們自己，比競爭者，更讓我們自己痛苦。」

類似喬治與朱蒂所服務的企業很多，如果你到他們公司附近的午餐店走走，仔細聆聽一下閒言閒語，就可以聽到許多類似的抱怨：

- 「這項行動方案，每個人都同意，就是看不到任何改變。」
- 「當我們還在苦苦等待上面作決定時，又一個機會跑掉了。」
- 「你的想法很好，不過那是不可能的。」
- 「我如果不聽候指示，講一動做一動，萬一出事了，就等著背黑鍋。」
- 「業務和組織的功能就是配不起來，也沒有績效可言。」
- 「我根本就不覺得有必要再努力一點，這對我有什麼好處？」

- 「射手就位，瞄準，瞄準……再瞄準……」
- 「我們有正確的策略和清楚的執行方案，但是我們好像就是沒有執行力。」

爲什麼上面這些話，對於身處類似ZZ電子這樣公司的人，可以引起這麼多的共鳴？或者簡單說，爲什麼有這麼多的喬治與朱蒂，在這麼多的組織裡頭呢？我們大可用許多企管顧問的專業術語加上一大堆複雜的圖表來說明，但是答案實在太簡單了，根本用不到那些工具。職場中的人——不管是高階主管、資深經理、中階經理或專業技術人員——都是工作環境的產物……而大多數的組織，先天上並不「健康」。

個人的力量

然而，組織的缺點並非永久不變。我們能加以改善。這正是本書所要傳達的訊息。以你一己之力就可以讓組織變得更「健康」。

只要把焦點放在組織如何運作（或如何失誤）的構成區塊（building block）上，就可以去蕪存菁，完全操控組織性能，創造輝煌成果。組織中每天所見到的自我挫敗行爲，並不是你個人無法控制的外生變數。這些自我挫敗行爲，其實就是你，以及組織裡每一個人，行動和決策上的直接結果。啓動卓越成果的關鍵在於，將日常運作中成千上萬的行動與決策，和企業策略目標，充分整合。

整合組織裡上上下下的每一個人以成就輝煌成果，這個目標，並不是一廂情願。你可以由小小的自我分析開始。首先，你必須確定自己是公司裡的喬治或朱蒂。喬治類型的人，認爲組織轉型就像科幻小說一樣不切實際。朱蒂類型的人，則是對於樂觀者改變世界的能力，崇拜有加。

有些組織上的缺陷，需要由高層領導來修補，我們將會在後面探討這點，然而，根據我們的經驗，實際上中級主管對於組織的影響能力，往往超過一般人的印象，甚至於還超過中級主管自己的印象。中級主管不但對組織有重大影響力，而且，也只有透過中級主管的承諾與追蹤督促，重大變革才可能發生。就像前面故事所敍述的，高層主管的指示，如果無法在組織中，進一步轉換成個別成員的行爲變化，就不具意義。

激發上面所提到的全面性影響力，關鍵在於對可行之事（要加以保留）、錯誤之事，以及如何修正，要有一套共識。這正是本書的宗旨。本書提供給各階層經理人客觀的組織透視圖，這是他們無法由組織內部得到的。而且，我們會在診斷之後，很快地設計出一套處方，讓組織產生績效。只要上網回答十九道簡短的問題，作自我評估，很快的你就會得到一份組織快照圖——你的組織長得怎麼樣，通常會如何運作，還有最重要的，組織的機能障礙在何處，以及如何改善。

得到上面的資訊之後，接下來要怎麼做，全在於你自己。

你可以選擇改變自己的行爲以解決問題，進而激發其他人也跟著改變。你可以把組織裡所有的人全都找來做問卷，共同評估問卷結果及可能處方。你也可以認爲檢測結果雖然刺激，卻不值得爲此採取行動，而將報告擺在一邊。簡單說，你可以選擇突破組織的惡性循環，或留在裡面同流合污，繼續受罪。

企業DNA

那麼，你要如何做才能把組織建設得更好呢？如何才能振衰起蔽，強化組織，使組織「健康」而獲利良好呢？如何才能把組織裡的喬治轉變爲朱蒂呢？

首先要確認你處在哪一種組織裡頭。

組織的特徵與屬性是什麼？其DNA是什麼？

以DNA作比喻，對於瞭解組織風格特性有很大用處。企業DNA就像生物DNA一樣，具有四項構成區塊，這些構成區塊經由組合與再組合，形成了個體獨特的身分與性格（詳圖1・1）。組織的四個構成區塊分別是：決策權、資訊、激勵機制及組織架構；企業對內或對外的形貌與運作方式，主要是由此四項所決定。企業DNA與生物DNA不同之處在於，我們可以改變企業DNA，這倒是挺不錯的。

企業DNA對於個別員工行爲，不只具有強烈的影響性，有時候甚至是決定性因素。這

圖1·1—企業DNA的四項構成區塊

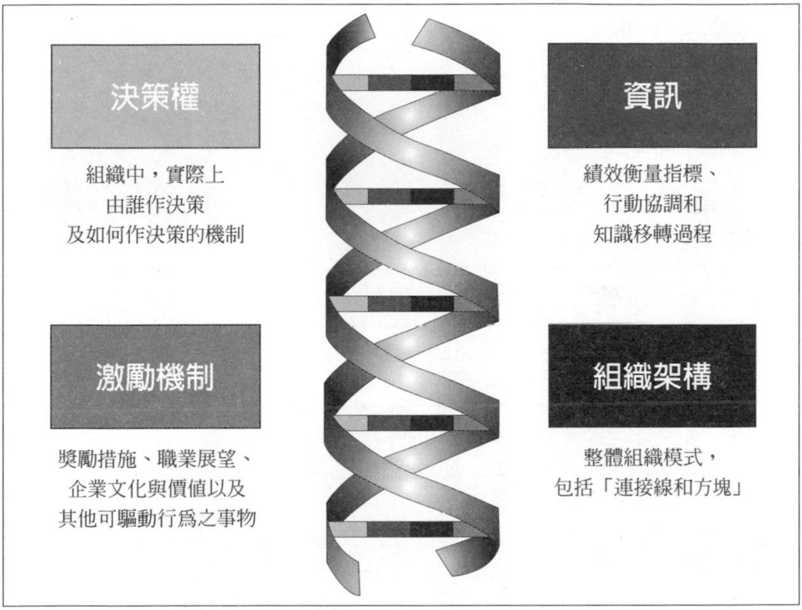
決策權
組織中，實際上
由誰作決策
及如何作決策的機制
資訊
績效衡量指標、
行動協調和
知識移轉過程
激勵機制
獎勵措施、職業展望、
企業文化與價值以及
其他可驅動行爲之事物
組織架構
整體組織模式，
包括「連接線和方塊」

解釋了組織裡頭，喬治的行爲，也解釋了你的行爲。諸如，你打電話給哪些客戶？哪些電子郵件你決定不回應？爲什麼你會給某些客戶折扣以增加銷售量；而對另一些客戶則堅持原價，以維持利潤？你和其他部門用什麼方式來交換資訊？這些日常決策（通常離執行長辦公室很遠），關係到整個企業的成敗。

下一章，我們將逐一檢視這四項構成區塊及其組合方式如何影響各種不同的行爲——功能正常的行爲與功能異常的行爲。我們還會以實際案例，說明如何透過調整及整合組織的決策權、資訊、激勵機制及組織架構，來改善績效。

七種組織型態

依據企業DNA四項構成區塊的特性，及各區塊相互聚合的程度，企業可以分為七種類型，計有四種「不健康」類型和三種「健康」類型。

消極進取型（Passive-Aggressive）

「決策一致，但無法得到實施。」

這是一種活潑而愉快的組織。公司的重大改革，大家通常不會有意見，可是執行起來卻困難重重。基層人員在作業上暗中抵制，經常導致總部的改革方案潰不成軍，因為基層員工通常抱著「如此這般，終將過去」的敷衍態度。高階主管對組織的冷漠抵制感到痛惜，大歎有如「在牆上釘果凍」一樣，白忙一場。

時停時進型（Fits-and-Starts）

「人才濟濟，卻不能做到齊心協力。」

這種企業吸引了各種聰明才智及企業家精神的人，然而這些人往往不能團結起來為共同目標奮鬥。他們的企業環境完全沒有限制，任何人都可以想個點子並放手去做。但是因為高層沒有強勢的領導方向，基層又缺乏共同價值的穩固基礎，這些創意不是互相衝撞抵制或損耗殆盡，就是無疾而終。結果，整個組織因爲過度伸展而處於失控邊緣。

過度膨脹型（Outgrown）

「思想守舊，創新不足。」

這種企業過度擴充，遠超過原始的組織模式，臃腫不堪。這種企業由於身軀龐大，權力卻集中於核心，往往對市場變動情形反應遲鈍，無法得心應手。如果你是這種組織的中級主管，即使發覺了不錯的商機，你的意見卻很難上達天聽。由上而下的決策體系，是這種組織的老傳統，根深柢固。

過度管理型（Overmanaged）

「我們來自總部，我們來這指導。」

這種組織由於在管理上過度地疊床架屋，往往是「分析癱瘓」（analysis paralysis，指過度而永無止境的分析）個案研究對象。一整群管理人員見樹不見林，把時間和精神全放在挑剔部屬工作上，而不去注意外在環境的新機會與威脅。由於組織非常的官僚和政治，主動而成就導向的員工會有很大的挫折感。

隨機應變型（Just-in-Time）

「總能在關鍵時刻取得成功。」

這類組織對未來的變動，雖然沒有事先規劃和準備，但總還有個大方向，而且在千鈞一髮之際，常常可以展現扭轉乾坤的能力。這種組織，辦公室裡充滿了積極進取的態度，創意頻頻出現，經常會有具體的突破，但也會把最好、最聰明的員工折損耗盡。這種組織的結構和程序，缺乏一致性和紀律，所以過去的成就，常常只是曇花一現，而無法發展成穩定的競爭優勢，勉強算是「健康」的組織，卻不穩固。

軍隊型（Military Precision）

「善於計劃，但應對突發事件能力不足。」

這種組織具有流暢而且整齊劃一的執行力，因爲每個成員都很清楚自己的角色，並且努力做好自己該做的事。軍隊型組織，因爲採取階層化及高度控制的管理模式，可以很有效率地處理大量性質相同業務。由於組織經常依照指導手冊上的各種狀況反覆操練，這種企業也可以籌畫並執行漂亮的策略，但通常只是一再重複。如果遇到指導手冊上所沒有狀況，就黔驢技窮，窘態畢露了。

韌力調節型（Resilient）

「盡善盡美，不斷追求。」

這是令人敬佩又羨慕的企業……因爲一切好像都來得太容易了：利潤、人才與名望。這種企業就如天之驕子，註定要成就偉大事業，實力完全發揮。韌力調節型企業靈活變通、高瞻遠矚、活潑有趣，能夠吸引優秀團隊加入。當公司在經營的道路上，碰到突塊時（所有的公司都會碰上），韌力調節型企業會迅速地回彈，並且汲取教訓。這種企業是所有類型中最「健康」的，因爲這種企業總是不斷地探索競爭機會和新市場，而不是在成就之中自我陶醉。

你處在（或杵在）哪一種企業

你的企業是哪一種呢？上網到 www.orgdna.com 就可以很快得到答案。那個網頁上有一套企業基因剖析器（*Org DNA Profiler*^{SM}），線上問卷有十九道簡短問題，讓你作自我評估。不論你在企業中屬於哪個階層，都可以使用這套簡易的問卷，你不但可以很快得知自己的企業型態，還可以瞭解企業的優缺點。

接著你可以診斷造成企業異常特性和行爲的根本原因。最後你可以根據所得到的結果，進行改善。

基因療法

大多數的企業都是庸庸碌碌。

這些企業也許會推動一些專案，卻因爲內部的障礙而使得效果大打折扣。其企業DNA的四項構成區塊（決策權、資訊、激勵機制及組織架構）具有缺陷或無法密切結合，因此，員工的努力往往得不到成效，企業整體績效也就乏善可陳了。

企業的DNA如果有問題，就會出現「不健康」的症狀和異常行爲。即使是韌力調節型這樣好的公司，偶爾也會出現異常行爲，因此時時保持警覺並且維持「健康」狀態，是這類公司要克服的問題。處理問題基因，首先要確認有問題的部分，並將之隔離。這正是企業基因剖析器的目的。這套工具運用DNA基礎架構，讓你先往後退個二十步，以便取得整個企業的概觀，掌握優缺點。

然而重點並不在診斷書。就好像知道自己過胖及高膽固醇是一回事，能不能把診斷書轉化成節食和多運動等實際治療行動，則是另外一回事。企業基因剖析器只是設計來讓管理人員把焦點放在組織問題的根源上。終究還是要靠管理人員將診斷結論轉化成持續的改善行動。本書的主旨則是教你如何做到這點。

邁向韌力調節型之路

你的企業是哪一種？是消極進取型？隨機應變型？還是時停時進型？企業裡哪些事很容易推動，哪些在執行上卻痛苦萬分？企業裡，人的行爲如何？爲什麼有這樣的行爲？還有，你要如何讓一切事物變得更好？

根據我們的研究，大多數的企業被認爲「不健康」（見圖1・2）。然而即使是「健康」的企業，對表現優良的事物和行爲，也應該要多加留意。長期成功的企業，把建立並維護「健康」組織，視爲一段旅程，一旦發生異常，就要馬上確認，並立刻展開新旅程。

我們會在第三章到第九章中，依照不同組織類別，逐一探討這段永無止境的旅程。每一章，我們都會以眞實的故事，闡述企業如何發覺並治療其所屬類別的病癥。

事實上，我們所標榜的公司，無一不是現今最成功、最「健康」的企業。由於這些公司落實了企業改善——有的甚至於在十年多前就進行改善計畫——其股東總報酬率（total shareholder return）都顯著地優於標準普爾五百（S&P 500）。這些公司都是韌力調節型，或正邁向韌力調節型之路。

還有，企業在轉變爲「健康」的過程中，會帶來具體利潤。事實上，我們的研究證實，企業的「健康」情形與獲利能力，相關性很高。

圖 1 · 2—大多數企業被認爲不健康：企業基因剖析器所得的結果

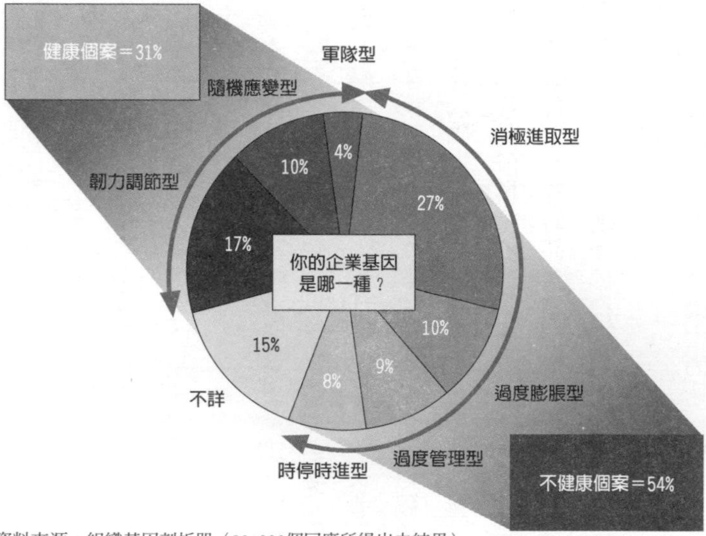

資料來源：組織基因剖析器（30,000個回應所得出之結果）

消極進取型企業	表面上似乎很協調也沒有衝突，很容易取得共識，但執行上卻困難重重
韌力調節型企業	能彈性調整以快速適應外部市場變化，同時穩定維持企業策略的重點與共識
過度膨脹型企業	組織過於龐大而複雜，不易由小型團隊領導。決策機構必須「民主化」
隨機應變型企業	雖然沒有事先規劃和準備，但總還有個大方向，而且在千鈞一髮之際，常常可以展現扭轉乾坤的能力。
過度管理型企業	疊床架屋的管理造成分析癱瘓，企業環境通常非常官僚而政治化
軍隊型企業	通常由一小群高階團隊所領導，優秀的執行力與效率化的作業模式是其成功要素
時停時進型企業	擁有各式各樣聰明、積極而才華出眾的人才，卻無法同時整合於一個共同目標之下

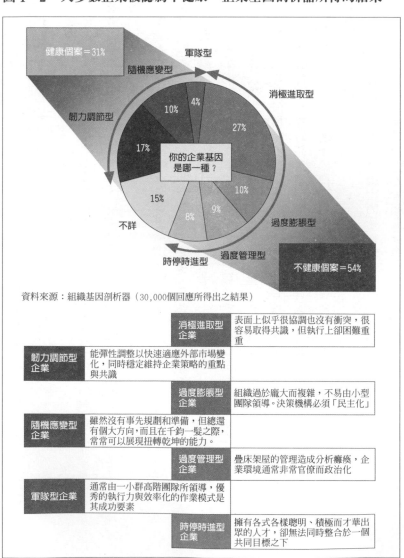

在各章中，除了具特色的「旅程」故事之外，我們還會詳細討論各種組織的特殊性格，以及問題處理方式。在「不健康」的類型裡，我們會使用「症狀」(symptoms) 和「處方」(remedies)；而在「健康」的類型裡，我們則用「特性」(traits) 和「處理」(treatments)。我們以過去所訪談及共事過的公司案例和趣聞，以及依據五十多年顧問經驗所改編的故事，說明這些組織的特殊性格。這些故事，會把大家的角色拉回到公司的中級主管，以瞭解其感受。

我們建議你把七種企業類型的各個章節全部讀完，因為每章都有許多重要的觀點；但是如果你只看和你有關的章節，也一樣可以發現許多有價值的東西。我們的目的不只是讓你明白公司停滯不前的原因，還要把可行的策略提供給你，幫助你克服或避開障礙。讀過本書之後，就會擁有足夠的知識和工具，讓你的公司腳踏實地，邁向韌力調節之路。

請注意，世上沒有萬靈丹。你要先瞭解公司所屬的類型，並依據貴公司特有的問題與事務，發展出獨特的解決方案。人們往往喜歡拿好公司當榜樣，並且把別人的作法直接移植到自己的公司，然而你要避開這個陷阱。你們的狀況並不一樣，所以解決方法也就不一樣。

2

整合

決定企業經營結果的四個構成區塊

調整組織結構本身，並無法發揮功效。

本章的目的，希望你擴大視野，

把焦點放在整個企業 DNA 的四項構成區塊：

決策權、資訊、激勵機制以及組織架構。

只有重新整合這四項構成區塊，

企業才能發揮卓越績效。

國家電信公司

這場戲，芭芭拉・傑克森早就看過了。她才開完一場冗長的會，回到座位上，查了一下電子信箱，看到一封執行長致全公司的公開信，談到公司需要改革以因應時局挑戰。芭芭拉在國家電信公司（虛擬公司名）擔任業務企畫部經理已經五年了。之前是在一家無線通訊的競爭對手公司上班，更早之前則是任職於一家短命的網路公司。她知道公司改組這類的備忘錄長得什麼模樣。果然，備忘錄的最後一段就這樣寫道：「過去，公司依照產品來畫分組織，現在，我們將針對客戶區隔來進行改組，以改善對客戶的服務水準。自明年一月一日起，我們不再以有線或無線的方式區分公司業務，而是依照客戶區隔，把組織劃分爲：大型企業和小店鋪。我們會在幾個星期之後，進一步公布新的組織架構，以及各位同仁的職務與工作內容。」

接下來的事，芭芭拉都非常熟悉：一大堆的人事會議，討論誰會去當哪個部門的主管，以及一大堆檯面下互相較勁，爭權奪位的動作……可是，公司處理事務的方式，實際上並沒有改變，績效自然也就不會有明顯提升。這是她第四次碰到「改組」了，所以對整件事的發展並不陌生。「改組」一開始，都是由執行長對未來願景發表一份振奮人心的備忘錄。接著，公司在職位調整上亂上幾個月，諸如換個樓層上班，或換個新主管……最後，一切都還是老樣子。她和同仁的工作，雖然有了新流程，內容卻和原先的差不多：開不完的會議，討論不完的主題，其實還是圍繞著提升生產力、節省成本和團隊運作等老話題。最後，整個改組，活像是在鐵達尼號的甲板上排排坐。

◎

當企業無法達成預期績效時，經常會以「改組」來解決問題：調整主管、部屬、組織更新等等。然而，這種方式，充其量只能解決部分問題，因爲調整組織結構本身，並無法發揮功效。本章的目的，希望你擴大視野，把焦點放在整個企業DNA的四項構成區塊：**決策權**、**資訊**、**激勵機制**以及**組織架構**。只有重新整合這四項構成區塊，企業才能發揮卓越績效。

績效導向的企業，只問一個核心問題：企業如何調整底層因素（即企業DNA的四元素）以執行策略（不論是什麼策略），進而能夠成功地適應各種環境變化？

- 「產業近來變化非常大；可是我們的人，不是不知不覺，就是以不變應萬變。」
- 「母公司照說早該支援我們了，可是，連華爾街都知道，我們還在孤軍奮戰。」
- 「我們在價值鏈上的地位，已經被網際網路給取代了，究竟是怎麼回事？」

你必須先去瞭解，究竟企業內部有哪些限制因素造成公司應變能力不良，並加以調整，才能因應外部的變遷和突發狀況。其實，任何人只要在企業裡工作過，不管是大企業或小企業，都熟悉這些內部限制因素。諸如：有些人坐擁公司資源，只會悶著頭推動自己的計劃，卻無視於公司的整體進度。總公司的幕僚群（通常過於龐大或遠離執行面，無法獲得正確資訊），延誤了業務單位的工作計劃和流程，或帶來不必要的成本。在企業裡，各單位為了決策上的權責問題爭論不休，無法並肩合作，達成共同目標。這類推拖作風和行為，也會讓個別員工感到不勝其擾。總之，這是企業適應能力好壞的關鍵因素。不幸的是，只有少數企業找到好方法來解決這個共通問題；大多數人，則只能無奈地活在呆伯特漫畫裡（譯註：Dilbert cartoon，美國著名漫畫，以諷刺上班族及企業現象為主）。

要突破整個惡性循環，第一步就是去瞭解企業裡，個別員工的強大角色。企業並不是單獨的個體，而是由許多個人所集合而成，而這些個人的行為，則建立於自利心之上。他們每天作出的決策和權衡妥協，成千上萬，而且，深受所獲得的資訊、激勵措施，以及行為結果之影響。企業必須隨時隨地，從上到下，把每個員工的行動，連同其他人員的所有行動，乃至於公司整體的利益，整合起來，才能將每個人的潛力，完全發揮出來，不再相互抵制，從而創造出長期的卓越績效。

因此，以芭芭拉這個案子為例，她在接下來幾個星期裡所作的決策，很可能都會以職位保衛戰為考慮重點。如果她在這種觀點之下所作的決策，剛好能符合客戶利益，則皆大歡喜。但是，這種事並非每次都能皆大歡喜。芭芭拉會優先考慮她自己的利益，至於搭售通話業務對客戶是好還是壞，則非所問。

正確的人才，以正確的價值觀，加上正確的資訊和正確的獎懲辦法，是成功企業的主要動力來源。如何將個人自利心與企業利益整合在一起，是一項重要的挑戰。我們之所以提到「價值」一詞，是因爲「價值」是所有成功企業不可或缺的要素。

企業整合，不同公司有不同的做法，沒有放諸四海皆準的標準答案。唯一要注意的是，企業ＤＮＡ四項構成區塊（決策權、資訊、激勵機制以及組織架構），如圖２・１所示，要密切地整合在一起，而不是企業拼圖中，一堆目的交雜的區塊。

本書所討論的七種企業類型的特性，是由這四項構成區塊的組合方式及互動方式所決定。我們以軍隊型企業爲例來說明。這是個高度

圖 2・1—企業 DNA 構成區塊之整合

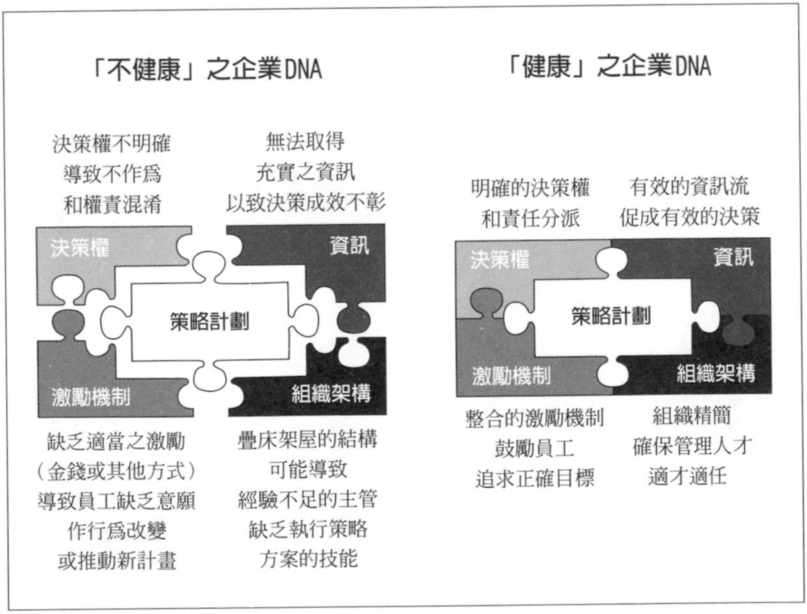
「不健康」之企業DNA
決策權不明確
導致不作爲
和權責混淆
無法取得
充實之資訊
以致決策成效不彰
決策權
資訊
策略計劃
激勵機制
組織架構
缺乏適當之激勵
（金錢或其他方式）
導致員工缺乏意願
作行爲改變
或推動新計畫
疊床架屋的結構
可能導致
經驗不足的主管
缺乏執行策略
方案的技能
「健康」之企業DNA
明確的決策權
和責任分派
有效的資訊流
促成有效的決策
決策權
資訊
策略計劃
激勵機制
組織架構
整合的激勵機制
鼓勵員工
追求正確目標
組織精簡
確保管理人才
適才適任

制約，控管嚴格的模式，決策權高度集中於企業總部，作業單位則甚少有決定權。軍隊型企業，屬於健康型企業，而且對某些種類的事業（尤其是業務量大而變化少的事業）而言效率非常好，其原因在於：資訊與激勵機制兩者，和決策權整合在一起，並且強化了嚴格管制的特有作業模式。關鍵資訊完全集中並掌控於領導中心，再由領導中心視狀況將資訊提供給基礎作業主管。激勵機制則賞罰分明，進一步強化了員工行爲的效率與紀律。

時停時進型企業，則恰恰相反，由於構成區塊無法在基礎上相互整合，而屬於「不健康」型企業。這類組織，決策權相當分散，但相關資訊卻集於中央，因此，區域經理人對於攸關公司整體利益之決策，只能盲目行之，無法作最佳判斷。他們並沒有惡意，只是資訊不足罷了。激勵機制在資訊不足的情況下，也就無法發揮作用了。

一般而言，當構成區塊相互吻合（即相互間可以整合並具互補性），企業可以發揮績效。企業可以實現對客戶、股東，以及員工的承諾。然而，如果在這個企業拼圖上，其中一個構成區塊沒擺好，企業就無法將潛能完全發揮。管理人員既然身負績效重責，確認企業DNA所需之調整，以使各構成區塊相互整合，發揮最佳績效，便是其一大挑戰。

治療時停時進型企業，處方視你所處的階層而定。如果你是個高階主管，很容易就可以由上而下來發動全面性的改善措施；你可以將原本掌握在基層主管的決策權收回，各種作業均由中央控管；你也可以設置一套資訊系統，將中央的資訊，視需要有效地傳播到各作業單位。這兩種方法，都可以讓決策權和資訊重新整合。

可是，如果你只是個中層主管，在業務前線工作，你能如何呢？面對時時進型企業的問題，你又能下什麼處方呢？其實，非常多。在既有的分權作業模式下，其實你已經掌握了決策權，你所需要的，只是較好的資訊罷了。你可以想辦法和其他部門以及總部幕僚維持良好關係，並且把這件事當作你的重要工作。想辦法取得公司的策略計劃，在部門裡組個小團隊，研究一下公司整體目標，看看你的部門可以做些什麼事。有了成效之後，你的作法將會成為其他部門指引方向的一盞明燈。

但是請記住，在推動變革時，一旦企業DNA元素發生改變，可能會發生一些意外效果，讓整個企業動蕩不安，你必須特別小心。因此，不論你進行改善的對象是公司、小事業或是專案小組，你都必須瞭解，什麼樣的程度，才是適當的變革。此外，有關企業DNA四項構成區塊的改善行動，一定要具協調性、整合性，及明確性。單獨強調組織架構，或是資訊區塊的改善方案，通常不具任何吸引力。透過下面幾道問題，你可以瞭解，你的企業四項構成區塊，目前是什麼樣子。

- **決策權**：誰決定什麼事？整個決策流程有多少人參與？每個人的核決權限如何規劃？
- **資訊**：績效表現如何衡量？如何整合各種活動？知識如何傳遞？計劃與實際進度如何互動？誰知道什麼事？誰需要知道什麼事？資訊是如何由擁有者傳播到需求者？
- **激勵機制**：員工有什麼樣的工作目標、獎懲誘因，以及職業展望？公司對於員工的成就，如何以金錢方式及非金錢方式給予獎賞？在公司的各種獎懲制度之下，不論是明示或暗示，員工所關心的事務是什麼？員工個人目標是否能與企業目標整合在一起？

- **組織架構**：組織的層級如何規劃？組織圖上的線條與方塊如何連結？有多少層級？每個層級直接管理的幅度有多大？

請注意，結構問題不是重點。也許在某些情況之下，結構問題讓公司無法有效運作，而必須優先處理，然而，讓公司成功的良方，通常不在此處。公司改組，如果不能和其他構成區塊整合，很少可以得到持續效果。

讓我們再回顧一下，國家電信公司發布改組訊息時，芭芭拉和其同事的反應。這項政策宣布之後，不但不能提振生產力或激勵士氣，還讓公司陷入一場辦公室的政治角力戰，經理人紛紛忙著爭奪職位。如果當初，執行長針對客戶問題，調整相關的決策權、資訊和激勵機制，結果又會如何呢？如果他當時這樣宣布：「自明年一月一日起，經理人的紅利獎金，將依客戶滿意度（即，不論有線或無線業務，客戶的總消費額）計算，最高可達薪資的百分之二十」，事情會如何發展呢？如果他將產品售價的決定權，完全下放給有線和無線事業部主管，並且計算各單位在客戶服務上的獲利能力，會有什麼變化？如果他將後勤單位整合到產品事業部，提供客戶更為流暢的服務，並且讓前後線資訊充分交流呢？以上這些改善方案，都可以激勵出正向積極的行為改變，將個人自利心與公司目標結合，獲得良好績效。

而且，公司內部任何階層都可以採取這類的改善方案。雖然中級主管無權去改變公司的獎金辦法，或是整合後勤單位，他們仍然可以在權責範圍內，有效地改變決策權、資訊，及激勵機制，從而激發出重大而正向的變革。

決策權：誰來決定什麼事？

「我們必須把十位高階主管集合在房間裡頭，才能對企業例行事務作出決策。」

如果你想要改變組織的運作方式，則必須先去瞭解，誰、做什麼事、如何做以及為什麼要做。本文會帶引你快速地越過組織圖表面的那些連接線與方塊，直搗問題核心，探討組織裡，眞正制定決策的機制。

組織的整體績效，簡單來看，就是其所有成員每日行動與決策的績效總和。基本上，每個成員不斷地作決策判斷與權衡取捨，諸如，如何向客戶報價？有限的經費該投入哪個工程案？或者哪通電話或電子郵件要先回應？……，等等問題。這些問題都不是重大的，或是董事會層級的，而是企業營運上一點一滴的繁瑣小事。企業內部個別成員在日常營運事務上，決策的良窳與決策效率的高低，足以決定該企業在業界的成敗。

當企業在執行上，遭遇挫折或失敗時，企業領導人往往會太快地認為，出問題的相關部門，決策主管採取了不合理的行動，或者更糟的，破壞行動。其實事情通常不是這樣的。反過來想，如果你認爲員工（包括工作人員及主管人員）都是理性的，而且他們的抉擇明白地反映了他們所瞭解的、所看到的以及所關心的決策問題，則決策機制眞正出問題的地方，及問題的前因後果，就很清楚了。局外人看起來好像是偏執或隨機的決策和選擇，對於作決策的人而言，卻幾乎都是理所當然，天經地義的決定。而且，作決策的人，就其所能掌握的資訊與獎懲誘因，通常希望能爲公司做正確的事。

因此，改善績效的關鍵，並不在於把責任歸咎於決策者；而是去瞭解哪一些組織上的構成區塊，促使個別員工所作出來的決策或權衡，對於公司整體而言，只是次佳的，甚至是反效果的；然後改變這些構成區塊，促使個別決策得以和公司整體策略及績效目標，更爲一致。

ACW車材公司

在汽車零件製造商ACW車材公司（虛擬公司名）裡，規劃新產能（即增設新廠及生產線）的最高決策權，究竟是屬於製造部還是策略規劃部，並不清楚。因爲這類重要的決策問題落在「三不管地帶」，所以沒有人會眞正去在意……除了在問題爆發之後，倒楣的業務部才不得不去重視，但爲時已晚。

那正是業務部經理大衛・詹姆士去年所遇到的問題：當時，ACW的大客戶，快火汽車公司（虛擬公司名）來電通知要取消生意往來。因爲快火汽車公司大約在四個月前下了一筆鋼圈和雨刷片的超大訂單，結果ACW交貨卻延誤了兩個星期，而且屋漏偏逢連夜雨，那批貨品質有問題，半數以上的零件要重做。快火公司已經把次月到期的合約取消了，另洽他廠。

大衛火了，打電話給製造部主管艾米特．簡，對他大聲責罵。當他罵累了之後，艾米特才委婉地告訴他，那不是製造部的問題。他們到現在已經全能滿載地運轉了六個月，所以快火公司那筆大訂單，需要外包給幾家外部供應商（順便一提，外包成本比ACW自己廠內生產的成本高出了百分之十五，吃掉了所有利潤）。如果大衛還有問題，他應該去找策略規劃部主管，凱蘿．瑪波勒。艾米特認爲產能投資問題，應該是由她來負責。

凱蘿也同樣巧妙地閃過了所有指責。她一年前被聘請來公司，就是專門爲了主導財務預算程序，而且最近八個月來，一直全力投注在預算工作上。更何況，大家都知道，增建新產能至少需要十五個月的前置時間，而她到任才只有十二個月。

結論是：在ACW，對於長期產能規劃，沒有人「擁有」決策權，因爲公司爲了符合汽車廠的要求，過度專注於成本下降，而沒有去注意這個組織決策上的缺口。如今，產能不足的問題突顯出來，公司也爲此付出代價，失去客戶以及利潤。

如果一開始，新建產能的規劃決策權就正式地指派給，例如，製造部，則公司可能很早就知道需要投資新生產線。也許公司會發展一套擴充計劃，定期更新並落實這項計劃，從而消除許多產能不足時的緊急應變措施。我們認爲，沒有把決策權清楚地指派，比決策權指派給錯誤的人，更爲糟糕。

◎

你的公司，由誰來決定什麼事呢？哪些資訊、限制、工具，和激勵措施影響了決策者的評估方式？要重新規劃組織模式，就必須先瞭解組織現有的決策權，在什麼地方、什麼原因，影響了決策行爲（大多數企業決策權的配置方式是曖昧不明，且非正式，並沒有明確設計）。

決策權這項因素，決定了企業運作的良窳、推出新產品／服務的快慢，和追求績效所付代價的多寡。因此，決策權是功能失常企業第一個要關注的構成區塊；也是成功再造組織的基礎。

決策權除了界定誰該爲決策成敗負責之外，也對個別員工之工作時間調配，發生重大影響。例如，如果ACW公司的凱蘿知道，長期產能規劃是她的責任，則她的工作方式將明顯不同。她也許會向各事業單位要求更多資訊，向製造部及行銷部實戰經驗豐富的專家，求證自己的看法，並且領導她的部門，投注更多精力於相關決策工作上。她在經營會議的報告內容，也許會有很大改變；她也會以不同的指標，衡量部門和她自己的工作績效。她也許會花更多時間在工廠現場。從各種不同角度來看，她都會改變原來作法。這就是爲什麼一定要先對決策權明確規劃，組織圖才有可行性可言。正如功能決定形式，決策權決定組織架構。將產能規劃的決策權指派給凱蘿，對她日常角色的影響，遠比派誰當她的主管，效果要來得更大。

經營企業，如果無法將決策權規定得明明白白，將會付出慘痛代價。模糊不清的決策權，不只是浪費大家的時間，還會嚴重影響績效——老實說，根本無績效可言。

如果你的公司，執行長剛從下面升上來，還在做他的老工作，遇到問題只會責怪部屬；或是公司裡，非正式管道及偷雞摸狗的手段凌駕於正式決策程序之上，那麼你將深深體會到，中央集權對公司的傷害有多大。你生活在一個錯失良機、毫無鬥志、充滿挫折感的環境。

相對的，如果你的公司，每個人都有自己的主見，現場工作人員主動過頭了，以至於互不尊重，相互抵制，公司一再要求加強協調也不管用，則你正在受另一種罪……過度分散的決策權。

◎

再一次，ACW公司是決策權過於分散的好例子。爲了配合汽車廠永無止境的降低成本要求，總部發出了人事凍結令。各事業部主管，大張旗鼓地把凍結人事的備忘錄，張貼於休息室的布告欄上，然後就忘得一乾二淨了。艾米特・簡認爲工廠一直處於全能運轉狀態，所以這道人事凍結命令對他的部門不適用。大衛・詹姆士計劃擴展東岸的市場，正需要招兵買馬。凱蘿・瑪波勒則將工作外包給顧問公司以克服人事問題，她認爲外包並沒有增加公司人事成本，所以合乎規定。在公司發布人事凍結令的六個月之後，一共增加了一百二十五名員工……公司上上下下學到了一個教訓：別管總部的備忘錄……

……當你大力倡導所謂「做對的事」(doing the right things) 時，在ACW公司，一如時下所有的公司，也會跟著大力宣揚決策權下放到基層的重要性，但是，管理人員的行動不能單單只靠口號。製造部最高主管，艾米特．簡，一向十分誇耀他對廠長充分授權，讓他們管理生產線上的大小事務，諸如，薪資、物料、交通、教育訓練及臨時救助等。然而，他卻寧願把每個人的經費管得死死的，也不願將整個預算責任，以及動支經費的合理權限，下放給基層主管。經費支用，只能一個蘿蔔一個坑，他的廠長幾乎無權作彈性調整——也就是說，根本不能做有意義的管理決策，以達成最終目標。所以，所謂將權責下放的說法，根本是個笑話。

當公司改變整個管理模式，將決策權清楚制定出來之後，則案例中的廠長，有史以來第一次，可以眞正爲自己工廠的預算負責，也可以對支出項目，做必要的調整。最後，他們對自己工廠有更多的主導權，也爲整個公司帶來更好的績效。例如，有一個廠長，把部分經費，用在作業人員的資源回收教育訓練上，使得物料成本明顯下降。這套作法非常好，很快地就推廣到其他廠區。

◎

在責任明確的管理系統中（決策權明確地指派，並且易於瞭解），每個人都很清楚，哪些決策和行動，是自己的責任。沒有管理上的誤傳或漏接事件——像ACW案子裡，產能規劃沒有負責人事件。決策權給了誰，誰就得把事情搞清楚，並且一路監控到事情結束。由於責任分派明確而務實，決策也因而作得快而精準。即使發生問題，也不再有馬後炮和推卸責任行爲。簡言之，決策權一旦發揮功能，具有正向乘數效果。

資訊：我需要知道什麼事？

「我沒有工作上所需要的資訊。」

幾乎每個人都碰過這種事，希望能好好作決策，卻缺乏正確資訊。企業成功的關鍵在於確認出決策所需的重要資訊，並且確保這些資訊能夠適時適地提供給決策者，以作出正確決策。

我們可以把資訊視爲企業生存所不可或缺的血液。大家都知道，資訊在提升企業績效與建立競爭優勢上的貢獻相當大。事實上，許多研究證實，企業專注於內部資訊流之強化與管理，可以得到非常好的股東報酬率。各事業群之間相互交流，事業目標與管理優勢可以相互分享，企業可以把最佳實務（best practice），推廣到各個不同單位。

隨時隨地提供正確資訊給正確的人，聽起來很簡單，卻是管理上的最大挑戰。

水晶線糖業公司

對任何公司而言，成本上升是企業發生問題的嚴重警訊。對大宗物資業而言，成本上升，更無異是宣告死亡的喪鐘。當水晶線糖業公司（虛擬公司名）農業部副總，威爾．卡文納，仔細閱讀一篇產業評比報告，比較分析了公司和競爭對手成本結構之後，他知道這家公司氣數將盡。

水晶線糖業公司是一家種植甘蔗與生產蔗糖的中型企業，在夏威夷群島上種植了九千英畝的甘蔗。其土地劃分爲九大農場，每座農場有一位農場經理，各自負責預算和績效。威爾是這九座農場的主管，再上面就是執行長了。

蔗糖的年產量目標由研究企劃部副總，華立．哈維耳負責。華立是農學博士，開發了一套業界聞名的資料庫，這套資料庫是個龐然大物，裡頭有水晶線糖業三十年來每一塊土地的生產力資料。每一塊田，華立可以告訴你，種什麼品種，年收成幾次，何時施肥、耕作、收成，以及每年的產量。華立依據自行開發的模型，編製出九大農場的年收成目標。幾年下來，華立的模型變得非常複雜，任何人看了都會頭昏腦脹，事實上，全世界只有華立知道如何使用這套模型。然而在農場經理看來，這套模型編出來的東西，每年都是老套，所以在收到農場的年度目標時，這些經理忍不住會互相開玩笑說：「把去年的數字加一點點，眞高明！」

由於產量目標年年調升，農場經理只好每年把施肥量和種植密度隨著也調高一些來因應。結果，農場所需的經費逐年增加。這樣玩了三十年下來，成本增加是顯而易見的。從威爾．卡文納桌上的報告來看，水晶線糖業的成本逐年增加，高於競爭對手，有些項目，例如農業機具，水晶線甚至比同業還高出了百分之二十。

每次威爾開車經過夏威夷蔗園的鄉間小路時，總是會自豪的說，他一眼就可以看出哪塊蔗田是水晶線的，哪塊是其他自耕農的，因爲自耕農的蔗田總是長滿了雜草，耕耘機也比較老舊。事實上這也是所有水晶線農事人員最自豪之處，他們的蔗田，全郡最整潔，機具也最好。威爾知道他的農場經理不會特別去留意成本問題，因爲他們不會超支經費，而且自認爲很節儉。可是在購置耕耘機時，他們總是要買全新的，而不考慮中古貨（只要他們的預算還足以支應）。但是在公司要求產量年年增加的情況下，威爾實在不知道如何去說服農場經理，讓他們接受刪減預算這件事。

◎

資訊，從定義上來說，是所有企業每個角落裡的資料、指標、知識，和協調機制。好的資訊正確而及時地流向需求者。有資訊才有成效。

你可以問自己下列的問題，以瞭解你的資訊是否夠「好」。

- 如果某個主要客户對服務感到不滿意，你如何得知此事？你會在什麼時候知道此事？是等到客户把生意轉移到競爭同業之後才知道嗎？或者，你還有足夠的時間採取補救措施？
- 如果生產線作業員有個價值一百萬美元的成本節省方案，她要如何提報才能將提案傳達到權責單位？對她而言，有什麼獎勵措施？
- 如果有個研發工程師正打算進行一個專案，而這個案子早在兩年前就試過，並且放棄了，則他在研發的哪個階段可以得知以前所做過的事情？

- 如果你公司裡的華立．哈維耳一夕之間突然消失了，他所建立的那套公司知識庫會有什麼下場？會隨著他一起離開嗎？

不良的資訊就好像是企業的垃圾食物。它會造成溝通的動脈阻塞，以卡路里讓企業身體虛胖，自以為營養很好，事實上，卻危在旦夕。在水晶線糖業，農場經理對自己能夠把預算控制在公司規定的範圍內而感到滿意。但他們對公司成本高於同業之事，卻毫不知情。華立的電腦模型和龐大資料庫，讓人誤以為水晶糖業公司把農場業務，經營得非常科學，而事實上，成本卻遠高於隔壁傳統的家庭農場。

◎

根據我們的經驗，資訊問題到處都是。即使同一家公司，正確資料，也許過多而把你餵得飽飽的，也許過少而讓你感到飢渴，端視所處的職位而有所不同。在水晶線糖業，像華立這樣的人，就是被過多的資訊所淹沒，而農場經理，則對什麼樣的成本才有競爭力毫不知情。不管問題是資訊飽脹或飢渴，公司都會飽受困擾。例如，公司政策推動的優先順序不良、決策遲滯、最佳實務無法推廣等等問題。最糟的情況是，公司發生不法情事，董事會和高階主管還搞不清楚狀況，最後落到遭檢方調查的下場。不當的管制和鬆散的管理，在本質上，都是企業資訊不良所造成。如果執行長不瞭解狀況，就不可能瞭解問題之所在，那麼麻煩就來了，就算事情還不至於鬧到被起訴的地步。

不良資訊，對其他的企業DNA構成區塊，特別是決策權和激勵機制，所造成的影響非常明顯。如果沒有正確而及時的資訊，決策者就無法在市場上採取迅速而明智的行動；員工的表現，不管好壞，也無法得到應有的肯定。

◎

這份成本分析報告讓威爾．卡文納驚醒了，他組織了一個專案小組，成員有農場經理以及相關部門主管，包括資訊怪才華立．哈維耳。他們共同為水晶線糖業發展了一套新的營運模式，將每座農場視為獨立的利潤中心。為了確保新架構成功運作，專案小組提供農場經理新的資訊，即農場的損益表，裡頭有各種不同的資訊，特別是他們所使用的機器設備成本。農場經理的紅利獎金，依據農場的獲利能力來計算，不再是生產力。農場經理的行為立即有了很大轉變。他們開始買中古機具，不再一味要求新品。他們開始對華立的資料提出質疑，作更深入的瞭解，並且確認過去這些資料，哪些是正確的、哪些是錯誤的。農事人員開始互相交流，分享種植上的訣竅與技術。不到幾個月，成本顯著下降，而公司股價也在一年內彈升了百分之四十八。

眞正好的資訊，不只可以在節省成本上發揮功效，還能有助於資源有效配置……特別是糖廠的產能。甘蔗田收成的時間，相當集中，只有大約十五天左右，可是採收之後的甘蔗，在二十四小時之內要趕快處理。這九千英畝蔗田的採收計劃，一直以來都是由華立．哈維耳負責，讓每一塊蔗田，依照時間順序採收，俾使糖廠可以穩定取得成熟、新鮮的甘蔗原料。華立通常會在一個月之前就擬好計劃，然後隨著採收季節來臨，以及各地降雨量和溫度變化，持續調整修正。多年不變的是，每年十月開始，華立的電話就會響個不停，因爲蔗田實際成熟時間，和預定進度相比，有時稍快，有時稍慢，農場經理爲此來電協調，希望更改採收時間表。雖然華立想全盤掌控整個九千英畝蔗田的採收進度，但是在十一月一日之前，他只能看哪個經理吵得最兇，就把時間排給誰，別無他法。

在新的運作模式下，華立不用再夾在中間了。針對糖廠時段問題，他和專案小組開發了一套線上標購系統，系統撥給每位農場經理若干籌碼，以供其標購糖廠時段。農場經理如果發現其蔗田已經接近採收狀況，而氣象預報即將下雨，必須儘快採收，則他可以多花些籌碼，標下更多的時段。相反的，如果狀況並不急迫，則他可以選擇採收季晚期比較便宜的時段，以省下籌碼。這套市場機制和華立原先的作法相較，稀少的糖廠資源更能作有效分配，而且更加公平。這套系統成功地將糖廠時段的決策權，交付給掌握最佳資訊的農場作業人員，他們時時刻刻，在每一塊土地上，注意著天氣變化以及作物生長狀況。

激勵機制：你如何在此地升官發財？

「我們有績效獎金，可是好像沒有人在乎。」

激勵機制有很多方式，除了金錢之外，還包括所有員工所在乎的工作目標、獎勵以及升遷機會等等因素。這些獎賞，不論是金錢方式或非金錢方式，都可以促使員工將個人目標與公司目標整合一致，並全力以赴；反之，一不小心，則讓個人利益與公司利益發生紛歧，誘使員工做出不利於公司的行為。

安全第一保險公司

星期五晚上六點，安全第一保險公司（虛擬公司名）的東北區經理，泰莉・霍華，在波多黎各開了一整個星期的業務人員年度表揚大會，剛從波士頓羅根國際機場回到家裡。還沒來得及打電話告訴先生，她就急著去翻閱信箱，找到一份重要郵件：她今年的紅利獎金。她馬上把信拆開，看看金額，計算一下獎金占薪資的比率：百分之十九。這下子她總算可以深深的喘一口氣了，她的獎金果眞落在「區間」裡面——公司發給她這個層級紅利獎金的標準範圍。

在安全第一公司，會計年度結束之後三個月，經理級以上主管會收到一份紅利獎金，至於金額多寡，大家在還沒拿到之前，差不多就已經心裡有數了。領導團隊會依據公司整體表現，關起門來密商出一套各層級主管的獎金區間，資深副總級獎金通常可以高達薪資的百分之四十，副總級最高可達百分之三十，而像泰莉這樣的經理級，則有百分之二十。公司從未發布這項消息，但是秘密會議開完之後還不到一天，地下管道就已經得知此事，並四處傳播。

泰莉知道自己拿百分之十九還算不錯。接下來的問題是「爲什麼？」

泰莉知道自己管轄區域的績效，無論怎麼看，都只算是平平。她負責全國最富庶的東北區，其人口統計資料，往往讓同事羨慕不已。但是她的保費收入，只成長了百分之六。相對地，她同事，洛德·康納思所負責的西南區，卻成長了百分之二十六。可是安全第一公司發放的紅利獎金，幾乎不考慮這樣明顯的績效差異，相同層級的獎金，在「區間」內變化不大。如果公司一整年的表現不錯，經理級，不論個人及部門貢獻多寡，通常可以拿到薪資百分之十五至百分之二十的獎金。換句話說，層級相同，獎金基本上也相同。造成獎金差異的主要因素，則是年資，這是經理人無法改變的項目。結果，由於泰莉的年資比洛德多了十年，所以獎金事實上也比洛德多了不少，即使她自己私下也承認，這樣並不公平，可是她又有什麼辦法呢？

泰莉從冰箱裡抓了幾瓶香檳，並取出中式酒櫃裡的玻璃杯，走到客廳，和她先生一起慶祝紅利獎金……然後大歎工作上的政治文化。在安全第一公司的「終身僱用」文化之下，政治是高度藝術。人們把精力全花在人事升遷（以及邁進下一個紅利區間），而不願在現有職位上多做一點事。既然做得再多，也得不到回報，那又何苦呢？在安全第一公司，熬個兩年半就可以升級，你很快就學會，把今天可以做好的事，留給下一位接任者。因此，吃力不討好的工作，例如成本節省、員工發展等雜事，往往被冷落一旁；而長官交辦的特別任務，大家卻趨之若鶩。

泰莉也承認她厭惡這樣的文化，但是就一個糊口的工作而言，可以讓她每天晚上準時回家，收看機智搶答電視節目，還算是不錯。

◎

在員工擁有了適度決策權與充分資訊之後，鼓勵員工採取必要行動，使公司進一步發展的力量，就是激勵機制。如果企業目標和激勵機制相互矛盾，則所有鼓舞員工追隨公司願景與策略的口號，諸如加快腳步、努力再努力……等等，只不過是空談罷了。想要有效鼓舞人心，則激勵機制不但要整合其他構成區塊，還要和企業的績效目標整合在一起。

◎

在安全第一公司，激勵機制的重點放在「服務年資」及「老闆關係」上，而不是個人在公司業績上的貢獻度。洛德·康納思去年的確有超水準的貢獻，但是如果你不去看他的獎金，不會發現這件事：雖然他的業務從任何角度看，都遠比其他資深同事還要好，可是他所拿到的獎金卻反而比較少。在康納思家裡，可沒有開香檳慶祝這回事。

由於洛德的工作地點在鳳凰城，而公司總部在紐約，所以他很少有機會可以像泰莉·霍華一樣，每個月與人身保險業務總部主管，蘇海爾·納瑟共進午餐；也無法參加總部的專案小組——另一個可以在高官前面「露臉」的寶貴機會。公司以精銅所打製的「天下第一區」紙鎮，並不是頒發給他；在波多黎各年會上，公司也沒有對他兩年來的特殊貢獻，給予適當表揚。在亞利桑那州及新墨西哥州，客戶是門禁森嚴而高掛「非請勿入」，可是他爲退休人員其他區域許多的「罪惡」……尤其是東北區。

只是讓其他區經理顯得更優秀罷了。兩年來，西南區獨自撐起了公司業績，同時，也掩蓋了經理訓練業務人員，教他們如何作簡報。如今他不會再犯同樣的錯誤了。他那麼努力幫大家，所設計的理財規劃專題講座，卻成了最好的敲門磚。他還親自走遍全國五大區域，爲其他區

◎

激勵機制，必須爲洛德．康納思這樣的經理人，提供明確方向以及具說服力的理由，使其持續爲公司利益而奮鬥；並且除了金錢上的誘因之外，還必須包括非金錢的誘因，尤其是升遷、發展機會、成就肯定以及特殊禮遇等（詳圖2．2）。此外，激勵機制獎賞的對象應該是個人，而非職位。

在洛德的案例裡，安全第一公司本來可以有非常多的方式來激勵他，讓他發揮更好的績效。而今，如果他看起來像個只會以金錢衡量自我成就的人，在某種程度上，是因爲公司就是這樣教的。兩年了，洛德從未得到正式的績效考核或是總部的邀請。所以，當他自我想像，公司是如何看待自己時，他會發現，也就只有薪水一項因素而已。

現在，讓我們想像另一個完全不同的企業環境，一個對洛德更具激勵效果的環境。在開明的新作風之下，公司領導團隊從每季的區業務經營數字中，立即就發現了洛德的突出表現。洛德被推舉爲高階經理人儲備主管，並享有許多特殊福利（例如高階主管企管碩士班、與執行長共進午餐等）。公司指派一位高階主管作爲他的導師，每季和他坐下來討論，並規劃未來

圖 2・2—企業 DNA 的四項構成區塊

	方式	描述	舉例
績效	獎金	・達成或超越目標時給予更高的獎金	・績效獎金 ・股票選擇權 ・凍結期較短之選擇權
績效	肯定	・達成或超越目標時給予公開表揚	・頒獎 ・在內部或外界刊物上表揚
人員	升遷	・授予更多權力或讓其自治以鼓勵特定行為	・增加責任 ・請員工參與高階決策過程
人員	重點培養	・透過一對一或小組方式增加和高階互動機會	・和高階主管一對一對談或小組會議 ・高階主管當其教練

主要為金錢性質　主要為非金錢性質

五到十年的職場發展藍圖，安排洛德到公司幾個主要部門歷練。公司邀他參加一個高層次的專案小組，而且直屬主管蘇海爾・納瑟也經常來拜訪他。最後，公司新的獎金制度不再根據管理層級，而是以績效來分等級，他拿到了公司裡等級最高的獎金。

上述的激勵機制，有些需要經過公司核准。然而，有些只需要洛德的老闆多花一點點時間和精神。其實每位經理人都擁有激勵員工的能力。其作法很簡單——只要定期作績效考核，並提供部屬坦誠而有建設性的評語；也很容易——只要對績效設立明確的要求標準，當績效達成時，給予肯定。

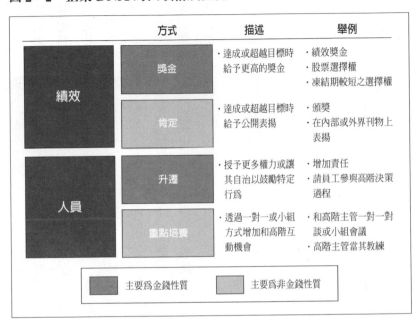

令人訝異的是，很少有企業可以好好的激勵員工，而反激勵效果卻經常四處爲害。企業如果缺乏有效的激勵機制，員工將有下列三種行爲：尸位素餐，坐享其成（像泰莉一樣，拿到連她自己也覺得不該拿的獎金）；怠惰敷衍，降低生產力；或掛冠求去。無論員工採取三種行爲之中的哪一種，都是企業的損失。員工一旦瞭解，公司不會對其個人的工作成果，作定期而合理的考核與獎懲時，將會自我放逐，每天只是打卡，敷衍了事。才氣縱橫的人則選擇放棄，離開公司到其他更有前景，報酬更好的地方去，留下平庸之輩吃力地工作。

員工和經理人如果沒有受到激勵，即使是在最好的狀況之下，也只能顯露出冷漠與平庸，最壞的狀況則是積憤難平。這則故事的寓意是，士氣非常重要，而誠實、持之以恆、以成果爲基礎的激勵機制，可以顯著地提振士氣。

組織架構：我在哪個位置？

「這是我們的組織圖，但是我要向你解釋一下，我們實際上的運作方式。」

組織架構是企業DNA四項構成方塊中，最顯而易見，也是大多數企業改造開始著手之處。（還記得國家電信公司嗎？）

爲什麼？因爲企業的組織架構是「可調整的」；你可以把連接線和方塊四處移動，輕輕鬆鬆就把改革事項在圖上顯示出。

只要看一眼組織圖，內部人就知道，這是企業告訴員工，政治力量如何配置的地方（即，誰被降級，誰被升等，誰可以直接上達天聽）。但是對外部人而言，企業實際上如何運作，組織圖所透露的訊息非常少。

組織架構並不是改革工作的起點；而是在考慮其他三項構成區塊，作出抉擇之後，在邏輯上的結果。雖然組織架構很重要，而且設計不當具有破壞力，但是在多數的組織改造工程中，組織架構並不是底層的基石，而是最上層完工的頂石。

原則上，組織架構應該依照公司策略而設計。例如，如果公司策略上是以客戶區隔爲導向，則組織架構就應該朝這方向去強化。然而，實務上，企業的組織架構通常無法配合策略目標。

普羅線供應公司

我們來研究一下普羅線供應公司（虛擬公司名）這個案例，該公司是一家位於匹茲堡的醫療器材製造商，面對快速變化的醫護市場，正苦於如何加強回應客戶需求的效率。總裁兼營運長的蘇珊·賈科森非常緊張。她正在和伽瑪醫療的採購部主管，卡爾·馬丁諾會面，伽瑪醫療是全國性連鎖醫院及醫師網路的領導者。蘇珊擔心普羅線快要失去這家客戶了。去年，公司的三家大客戶已經被一些地區性小而靈活的供應商搶走了，她實在不能再失去伽瑪。以午宴邀請卡爾，最主要是想給卡爾好印象，公司對卡爾的任何需求，都有所準備。

才剛點完菜，卡爾就對蘇珊說：「你知道，有件事情我一直想搞清楚，去年，我們哪一家醫院和你們往來的生意最大？你能幫我跑一下資料嗎？」蘇珊聽了大大的鬆了一口氣，連剛喝到一半的水也不禁要滲了出來：「沒問題，卡爾，我明天之前就可以給你。」

她一回到辦公室就立刻打電話給控制長，恰克・馬修斯，要他按醫院別，把過去三年來伽瑪的月銷售資料整理出來……於是，這項簡單的資料需求，展開了一段「奧德賽」長期漂流史。這項需求，從組織圖最頂層的蘇珊開始，一路風塵僕僕地往下走了四個層級，終於來到營運部分析課的分析師，馬克・顏可這裡。當然，蘇珊原本簡單的需求，到了馬克手上，已經不再簡單了。過程中每個經手的主管都會再加上一些細部要求，以便比其上層老闆更瞭解這件事，或至少要一樣深入。控制長恰克要求五年度的資料，而不是原來的三年度。業務部主管要求再按地區別編製資料。相關的產品經理則要求再細分產品別資料，而馬克的主管，營運分析課主任更要求把跑出來的資料作成圖表。原本三十分鐘就可以完成的簡單工作，還沒交到馬克手上，就已經變成了兩個工作天的專案了。

不幸的是，這項資訊需求，經過各個層級的渲染之後，其明確的旨意與來龍去脈已經消失殆盡，因此馬克完全不知道，一開始爲什麼會有這項需求，或這份資料是要作什麼用的。這好像兒童遊戲「以訛傳訛」的企業版，訊息在每個環節中被扭曲篡改了，因此到他手上之前，原始目的已經流失。在各單位緊急催討之下，馬克爲這個「特急件」忙得不可開交，而沒有時間再去追蹤原始需求，作確認和釐清的動作。他只能無奈地搖搖頭，作出一份百來頁的報告，其中卻只有十行和蘇珊的需求有關，更重要的是，客戶也只要那十行。最糟的是，這份報表花了兩天半的時間，讓蘇珊的信用在卡爾・馬丁諾面前打了一個很大的折扣，而且重創了普羅線與伽瑪之間的關係。

◎

普羅線的問題在於複雜的階層體系。這家公司已經有一百五十年了，打從公司成立以來，每隔兩三年就會行禮如儀，舉辦一次升遷大會。爲了遷就這麼多不斷升上來的員工，公司一層又一層地增加了不必要的中級主管，而且無意間養成了員工靠企業政治來博取升遷機會的文化。資淺經理人會預想每一個上級主管在會議上可能問到的問題，並且爲此花非常多的時間整理資料。這就是你在這家公司嶄露頭角，獲得升遷的要訣。在公司裡，大家關注的焦點，逐漸由決策本身以及決策品質，移轉到嚴謹而徹底的分析之上。這種沙漏形企業的整體成果就是，決策瓶頸、官僚體系，以及普羅線案例中所發生的，丟掉客戶。

另一種組織架構問題是「影子幕僚」的增生，這些人員在自己單位內，私下從事類似「官方」幕僚爲各單位所做的工作。影子幕僚在事業單位裡所從事的工作，典型上，是人力資源、財務，或資訊這類應當由總部支援的功能。因事業單位不滿總部所提供的服務品質，或分攤的成本，乃「自行發展」幕僚單位以克服問題。

這個問題的改善方法，**不是**直接把影子幕僚裁撤掉，而是去瞭解其發生的原因。如果你不先解決各事業單位自行增設幕僚的原因，就算一時除盡，影子幕僚還是會「春風吹又生」的。

上述只是我們在企業界所見到幾個比較明顯的架構問題。組織架構的缺失，問題洋洋灑灑，不可勝數。但是，誠如我們所強調的，組織架構本身，既非拖垮企業的癌症，也不是整治企業的良方。

固然，有些組織架構好像比其他架構更能發揮功效，但是，世上並沒有所謂的理想架構。許多長期成功的企業，避免對組織架構過度依賴，其組織間的界線較少，而且有較多跨部門小組。人員在工作上會「跨越組織方塊圖的藩籬」。有些成功的公司，以產品線來畫分組織，有些則以功能別或地區別畫分。

能和決策權、資訊及激勵機制，配合得最好的組織架構，就是可行的架構。典型上，這個想法代表了較少的層級與較寬闊的管理幅度，但此法並非放諸四海皆準。一般企業在營運上遇到困境時，最常犯的錯誤就是全面修改組織圖……而沒有仔細去瞭解構成組織的人，並加以激勵，使其擁有最佳資訊，作出正確決策。

四項構成區塊：重點在於整合

雖然我們將企業DNA的四項構成區塊，分開來介紹，以強調其個別特性，但是，就如同幾則故事所顯示，這些區塊明顯地相互糾結在一起。如果不能取得相關而且正確的資訊，決策權就無法發揮作用；如果沒有激勵機制鼓勵正確行為和目標，則員工往往不會去選擇最適決策。

簡單說，員工必須要取得資訊才能下決策，要有獎勵誘因才能作出正確決策，要有授權才能採取行動。而有效的組織架構，讓這三項區塊得以妥善整合。任何一個區塊都不能獨自發揮作用；這些區塊如何組合以構成組織，才是重點。

而且，各區塊互動方式的好壞，決定了企業的表現特色，以及企業可能的成就。根據我們為許多企業服務的經驗，以及我們的研究，依照這四項DNA構成區塊在企業中相互整合的情形，企業可以區分為七種主要類型：消極進取型、時停時進型、過度膨脹型、過度管理型、隨機應變型、軍隊型，和韌力調節型。

顯然，許多大型企業因為太複雜而不能精確地歸類於單一類型，但是，任何組織，通常都會有一種類型，居主控地位。同理，你不能說某個構成區塊，既是白色又是黑色。例如，企業的重要決策權，幾乎不可能既是中央集權，又同時是地方分權。

就像考古學家根據發現遺址的地層，研判古社會的歷史與行為；經理人和企管顧問，通常也同樣地會先去研究組織架構（階層系統裡的層級），以推斷企業的運作方式。組織架構可以告訴你許多事情（企業裡是否充滿了例行升遷、影子幕僚或者被嚴密控制的部屬），但是，組織架構並不是決定企業「健康」情形的唯一項目。組織架構可以對其他三項構成區塊發揮強大的協助效果，或是阻礙效果，但絕不會喧賓奪主，成爲主要因素。

大多數組織，並不是由設計大師一手打造而成，而是在因應市場競爭，以及其他各種力量所長期演化而成。例如，一位重要部門主管離職，也許會導致公司把整個部門併入另一個單位。合併之後也許會產生奇怪的「絞接式」資訊系統。這些急於一時的修正動作，經常因此而長期留存下來，然後，接下來的組織變動，又層層疊於其上，直到好幾年之後，整個組織充滿了各式各樣的違章建築，沒有眞正的合理基礎。在這種情形之下，定期去檢討組織實際上是如何運作，以及爲什麼如此運作，可以讓我們深切瞭解到，應該改變哪些事物，才能讓企業潛能發揮出來。

改善或修補企業DNA就好像將智慧、決策能力以及共同核心目標，既深且廣地編織於組織的布料中，讓每一個人，每一個單位，都能聰明地工作——而且一起工作。能夠取得高階主管的共識是一回事；能夠影響到企業裡每一個階層，由上而下，乃至於卸貨區的工作人員，則完全是另外一回事。每個員工每天所做的事，全公司加總起來，決定了企業成果。

然而根據我們的經驗，大多數經營團隊，並沒有充分重視企業DNA四項構成區塊在改善績效上所扮演的角色。對於企業所面臨的挑戰，經理人也不能掌握其困難度。多數領導人只是承接既有組織模式，很少有時間或精力去探究實際運作上的每一個環節。他們也許會因爲無法達成目標而感到沮喪，卻很少去檢驗公司在工作上的既有假設、妥協、與動機等因素，是否就是造成失敗的根本原因。

任何改善計劃，要定位出企業弱點，或找出改變策略的機會，都必須就企業組織上的理由，明白指出當前策略無法成功的原因。改善計劃，不可以像許多的傳統方法一樣，劈頭就認定策略本身即爲問題之所在，並立即去修改公司的願景。由於公司所採用的方法，和競爭者相較，在一開始就有所不同，而且我們知道，改善工作在執行上不是那麼容易，這表示，這是公司建立長期競爭優勢的機會，而且可以發展成完全不同的思考方式；所以，這不只是個組織上的議題，還具有策略上的意義。最具彈性且常保成功的企業發現，魔鬼往往就躲在組織的細節裡面。對這些企業而言，改善組織以求績效，實際上已經成爲他們的競爭優勢。

3

癌細胞潛藏處處

消極進取型企業：決策一致，但無法得到實施

在七種企業 DNA 類型中，

「消極進取型」是不健康企業中最常見的一種，

將近三分之一的企業深受其害。

這種公司的功能問題藏於各個角落，

員工的座右銘是「掩藏過失，以免受罰。」

諷刺的是，

許多財星五百大的企業，

連自己組織長了各種要命的癌細胞也不自知。

這是一種愉悅活潑的組織，表面上看起來一團和氣少有紛爭。大家很容易就重大改革方案取得共識，然而，執行起來卻困難重重。負責操作的基層人員暗中抵制，經常讓總部的改革方案潰不成軍。基層員工缺乏授權、資訊，以及獎勵誘因，以進行有意義的改變，因此對總部的指令傾向於敷衍了事，認爲改革方案「如此這般，終將消失」。高階經理人面對組織的冷漠抵制，痛心之餘，只能感歎有如「在牆上釘果凍」，一事無成。

消極進取型企業通常是庸庸碌碌的。公司不只默許平庸之輩，還經常提拔這些人。在決策授權上，即使做得再好，頂多也只是模稜兩可罷了，少數員工即使有權作決策，也常常淪爲批評檢討的對象。多數員工的心智放肆囂張，摧殘創新以及責任感，封鎖資訊，讓急需資訊的人求助無門。諷刺的是，許多財星五百大企業竟然屬於這型。這些企業仗著廣大而安穩的市場保障而安逸閒散，不知其企業「羅馬帝國」正日漸衰敗。

我們再回頭看看喬治．蘇利文這位ZZ電子公司意志消沉的市場研究部經理。

如果你還記得第一章，喬治是個年資十五年，有點死氣沉沉的老人，他勸告年輕而熱情的同事朱蒂，對於新媒體播放器不要過度熱衷，因爲公司到時候一定無法讓產品準時上市。結果，不幸被喬治言中，公司的新產品在聖誕節之前無法如期上市，而執行長比爾．柯立根則遭到撤職。

柯立根被撤職之後一星期，喬治去參加例行的行銷月會，參加的人員有：市場管理部、廣告部、促銷部、通路關係部等同事，還有喬治的主管，行銷總部副總，羅傑．瑪企諾。另外列席的還有支援行銷業務的人事和財務人員以及業務部的一些幕僚人員。但是產品開發部卻沒有半個人來參加，因爲羅傑或其他行銷總部的人，忘了要通知他們。

行銷月會是個馬拉松式的會議，由幾個行銷主管輪番上陣報告其工作近況，通常要花掉一整個工作天。而這次會議，還沒開始就偏離主題了，因爲有幾個經理人在聊柯立根離職當天的一些傳言，並且互相打聽新來的代理執行長行事風格。基本上都是在閒扯，因爲沒有人覺得會有什麼實質改變。大家只不過是在新環境中，玩一場如何保持不被裁員的遊戲罷了。

到了九點半，大約比預定開會時間晚半個小時，羅傑才叫大家坐下來。會議還是有張議程表，每個人有一小時的時間來報告自己的計畫。會議資料上排定的討論主題是「新」媒體播放器行銷案，就是那個不能準時在聖誕節前上市的產品。羅傑上次已經和產品開發部經理，康洛德・霍布斯談過了，把上市時間延至隔年的聖誕節，那麼，行銷本部計畫會如何支援新的發售日呢？反正，柯立根已經不在了，這個案子當然也就不急了。

喬治在簡報中詳細地說明，他打算針對原型機測試市場反應，以整合成一份完整的市場研究報告。他打算在五月初，選擇四個城市——紐約、邁阿密、洛杉磯，和芝加哥，每個城市選取五個焦點團體作市場測試。那差不多是六個月之後的事了，和柯立根操之過急的計劃比起來，喬治的計劃果然比較符合ＺＺ電子典型的步調。最後，喬治簡要說明這個市調案的目標、時程，以及成本。ＺＺ電子將委託市調公司來設定焦點團體、徵聘協調人員，以及撰寫調查結果。成本大約是七萬五千美元。

不出喬治所料，在他簡報之後，負責競爭分析和市場趨勢的市場管理部，有一個叫莎拉・提爾曼的首先舉手發言。她在虛情假意的讚美之中，夾雜了一系列的問題，表面上無關痛癢，然而骨子裡卻是在諷刺喬治準備不周，以及炫耀她自己比喬治更「內行」。「喬治，你的計劃聽起來很有雄心，請問你器材和焦點團體領導員找好了嗎？……我想你應該已經和產品開發部溝通過了吧！……還有，你所選的這四個城市，我們已經做過很多研究案，你要不要我派個人來幫你把這些群組組起來？」

喬治非常詳盡而且彬彬有禮地回答她，將每個問題一一「封殺」……目的是讓她閉嘴，並且鞏固防線。「好問題，莎拉，我們已經作了很多的功課，而且已經找到市調公司來協助，不過你的提議，我還是很感激。」

經過一番討論之後，羅傑基本上同意了，但是，就如往常一樣，還有一些附帶條件。他要喬治把今天的討論作成一份建議書，發給與會成員，請他們看過之後加註意見。這讓人不禁要問，「那剛剛開的會是在幹什麼？」……不過喬治是老鳥，早就見怪不怪了。在ZZ電子，一切都要書面，口頭承諾完全沒意義，你必須白紙黑字寫下來。這個會一直開到下午五點才結束，而喬治開完會後，直接走到停車場，開車回去和家人共進晚餐。

所有消極進取型企業的特徵，ZZ電子都有，包括：決策徵尋（decision shopping）、推卸責任、資訊阻塞，以及和諧導向的慣性。ZZ電子陷入自滿之中，活在過去的光環裡。如今，ZZ電子的經理人已經讓市場失望，形象直轉而下，奄奄一息，因爲他們只求六十分及格，而不再是市場矚目的焦點。

消極進取型是七種組織類型當中最常見的類型。這讓人不寒而慄，因爲，消極進取型是種「不健康」的組織型態，如果不去留意，會像癌細胞一樣，悄悄地蔓延。

消極進取型企業，由於功能問題分散於組織各處而且是在暗中作怪，所以很難加以修正。在某種程度上，其企業DNA的四項構成區塊，決策權、資訊、激勵機制，和組織架構之間相互牽制，並且和公司的策略目標相衝突。權力和責任不是模糊不清就是游移不定，造成馬後砲四處煽動，而眞正需要資訊的人則經常苦無門路。組織架構則成了順暢執行上的絆腳石；而激勵機制也無法消滅遍地瀰漫的挫折感與譏諷態度。

消極進取型：症狀

消極進取型企業的症狀非常多。起初，這些症狀並不容易察覺，但是，一開始只不過是潑冷水而已的牢騷抱怨，最後竟無情地急速增加，愈演愈烈。

笑裡藏刀

喬治和朱蒂的故事一開始時，兩人正從執行長所舉辦的經營大會走出來，會中，所有同事共同作出承諾，讓公司在聖誕節前，推出突破性產品……然後，眼睜睜地看著公司一事無成（朱蒂更是充滿了挫折感）。這段經驗，在消極進取型企業是個普遍現象，就好像每個人都在行事曆上簡短地寫道：「參加經營大會，只管點頭，別做事。」消極進取型企業之所以會極端抗拒變革，並不是因爲員工惡意破壞或居心不良，而是唯唯諾諾比較容易。沉默的多數，在裡頭只是袖手旁觀，即使他們知道案子註定要失敗。許多經理人，長期處在大型而高度政治化公司裡的經驗告訴他，夢想要小。他們看過太多「最高優先權」的專案來來去去，結果卻無疾而終，只能再寄望於下一個專案。他們蹉跎歲月，對上面的命令敷衍了事。這種缺乏責任感與擔當的普遍現象，說明了消極進取型企業，爲什麼在面對競爭環境的重大變化時，如此無能。

◎

當喬治隔天早上回到ZZ電子上班時，他叫藍地・威廉斯到他的辦公室來。藍地是他部門裡的小主管，負責焦點團體的整編工作，最重要的是，藍地是喬治「包打聽」的第一站。藍地問會開得如何？喬治把莎拉在會議上「玩陰的」，想讓他難堪的事告訴他。他們倆都認爲莎拉正在對他們的部門設一個局。莎拉到ZZ電子之前是在一家航空公司任職，那裡，市場研究部門，是歸市場管理部掌管。他們相信，莎拉在幕後進行併吞的勾當。

喬治接著告訴藍地，羅傑正如所料，要求作一份正式的焦點團體計劃，發給行銷團隊的各個成員，好讓他們核閱並加註意見。由於焦點團體排在五月初，而現在已經十一月底了，喬治希望報告能在二月中完成。照此推算，市調公司應該在一月份的第一個禮拜之前把東西交出來，這樣他們才有時間對資料作些調整。

市調公司準時交件，而藍地則把報告上頭市調公司的標誌除掉、換個文件格式、調整一下細節，然後拖了兩個星期才呈給喬治。接著，這份報告在喬治的收文籃裡又躺了一個星期。然後喬治又花了一個星期才核閱完成，發給行銷會議的成員。（沒有理由要提早發給大家，因爲可能會讓大家提早一個月來討論計劃，搞不好，把整個焦點團體計劃都給提前了。喬治的座右銘是「別自找麻煩」。）

喬治希望大家能在二月底以前提出意見。這讓他們有兩個禮拜的時間來核閱計劃以及提出意見。到了二十八日最後一天時，喬治只收到一封電子郵件……來自一位參加會議的業務部聯絡員。他說計劃看起來不錯，根據他多年在ZZ電子的經驗，沉默未必是金……云云，就是沒提到他是否贊成此事，喬治只好把報告重發一次，希望大家在下個星期五的月會之前，提出相關意見。接著零零落落來了幾封電子郵件，基本上都是支持此案。然後莎拉丟來一份長達四頁的意見和問題。她甚至還撈過界把焦點團體的討論文件也擬出來了。她唯一沒提到的是，她是否「批准」這個案子。

莎拉這份稿子，在開會前一天晚上才送來，成功地把這個案子從月會議程中踢了出來。如今，喬治和藍地必須回過頭去找市調公司，才能好好的回答莎拉那些雞蛋裡挑骨頭的問題和意見。莎拉的目的達成了，讓喬治在羅傑和所有同事面前顯得準備不周、毫無章法。喬治簡直是氣炸了。

◎

一九九九年，當約翰・湯姆森（John Thompson）離開工作了二十八年的ＩＢＭ，轉任矽谷一家軟體公司，賽門鐵克，擔任董事長、總裁、兼執行長時，他立刻親身領教了消極進取型企業內部的抵制力量。他以一個簡單的例子，說明他早期所面對的公司。

「我們有一項遠端控制軟體，稱爲 PC Anywhere，在一九九九年那時候，PC Anywhere 裝在一個大盒子，裡面有一小片磁碟片和一大條連接線。」湯姆森回憶道。「我在一個檢討成本問題的會議上問，『爲什麼盒子裡面要裝這條連接線？』答覆是：『哦，你知道的，很多客戶需要這條線來接電腦，才能讓 PC Anywhere 在不同的電腦間作傳檔的動作。』我再問，『有多少客戶是買了好幾套的？』

『哦，大多數都是。』

『而我們每套都附一條連接線？』

『是的。』

『多出來的連接線，客戶都怎麼處理？』

『我猜他們只是把線丟在一旁吧。』

『這條線花了我們多少成本？』」

結果，爲了在盒子裡裝這一大條連接線，讓賽門鐵克每套成本多了將近五美元。因此，湯姆森建議把連接線拿掉，以小包裝出貨，如果有客戶提出連接線需求，再另外免費供應。

管理團隊馬上就同意這個做法。

幾個星期之後，湯姆森發現 PC Anywhere 仍然含連接線一起出貨。他在接下來的高階管理會議中問道：「拿掉 PC Anywhere 盒子裡的連接線這件事，現在進行得如何了？」

負責這項產品的事業本部主管開口了：「哦，我們已經決定不要這麼做了。」湯姆森轟回去說：「我們的決策，不作則已，一旦作了，就是定案！而我們早在兩個禮拜之前就把這件事定案了。爲什麼你不能向你的部門宣達這件事，讓他們照著做？你馬上回去給我改過來，我們不再把連接線包在一起出貨！還有，如果你不能向你的部門溝通這件事，那麼我就自己來！」

湯姆森還記得當時公司的反應。他說：「那一吼，可眞是轟動武林啊，公司裡出現這句話：『哇，這小子玩眞的。』

「但是，我當時的重點是，事情一旦決定了之後，就定案了——你如果不同意，或是有意見，在我們討論時就應該提出來。不要忍住不講，爲了顧及情面就給我隨便答應，而事實上，你後面的行動卻等於在說：『不，我不同意。』這是典型的例子，組織站起來反撲說：『我們已經決定了，這個決策不好，我們要用別的方式來做。』這才是眞相大白的時刻，在這個節骨眼上，你必須向前迎戰，喝道：『不行，不許你這樣，你必須按照我們所同意的方式去做……馬上照著做。』」

徵尋決策

賽門鐵克的決策權和一般消極進取型企業一樣，並沒有好好規劃，從包裝盒要不要含連接線，到推出什麼新產品和進軍哪個市場等大大小小的事情，到底誰有最後決定權，並不清楚。基層主管經常會在事後批評總部的決策，因爲他們是否遵照決策去執行，並沒有合適的賞罰來加以規範（直到像湯姆森這樣的人跳進來把一切釐清）。另一方面，管理人員對其部屬的管理，只重視枝微末節，即所謂的微管理（micromanage）。這是一場長期的意志力比賽，因爲政治和個人風格壓制了程序和協定。決策很少可以令出必行；而比較像是在充滿鯊魚的海裡拋擲魚餌一樣，鯊魚不是將之一口吞掉，就是嚼一嚼，然後吐出來。不管是在哪家公司，呈現出來的結果都一樣：受阻的決策、慢半拍的執行力、失望的客戶、……，以及像賽門鐵克所發生的，不必要的成本。重要的改革方案則懸於虛無飄渺處，因爲其支持者（如果還有人有足夠的精力和理想來支持的話），還在四處徵尋理想的領導，或者是可以推翻當前亂象的領導人。

◎

有一家我們曾經共事過的醫療器材公司，其特有的風格是，經常作了決策之後，還反反覆覆地研究討論，所以其執行長特別發明了一個術語來形容：「走廊上的決策筋斗」。他剛到公司的頭幾個月，每次開會作了一些決定之後，總是有一些資深經理人，在會後留下來和他討論，表達反對的意見。在走廊上或下班時間，他們會藉著寒暄搭訕的機會，順便給他一些新資料和圖表，顯示決策疏忽不當之處。這些走後門的意見，只是讓公司裡頭，部門和部門之間的隔閡，更加惡化；同時也讓重要決策的施行，受到限制。

資訊流的百慕達三角

對所有企業而言，資訊就是現金，但是在消極進取型企業裡，管理人員傾向於將之據爲己有而不願分享出來。結果，基層主管和高階主管，對於工作優先順序的設定以及績效評估等議題上，很少能夠「達成共識」；事實上，他們對著不同的資料各自解讀。因此，公司在市場上的行動經常不一致或相互矛盾。基層主管對於人事聘用、產品行銷，或產能投資等重要事項，只能作出次佳的選擇，因爲他們實際上並不瞭解決策對公司的整體影響程度。而總部則盲目地駕控公司，因爲他們拿不到重要的資訊——包括競爭對手和公司內部的資訊。事業總部、功能性部門，以及分公司各自爲政，因爲資訊只能上下流動，難以橫向交流。當然，處理這些問題，都要先假設公司裡頭有重要資訊，而這項假設，並不一定成立。通常，資訊在毫無意義的資訊系統爭奪戰之中「流失」了。

◎

到了三月，喬治邀請一群公司裡的好朋友在ZZ電子的自助餐廳吃午餐。喬治暢談莎拉．提爾曼如何「黃鼠狼向喬治拜年」，並且模仿莎拉來取樂這群朋友。不過，他還是有信心可以毫不停頓地在五月份把焦點團體搞好，重新獲得羅傑的援手。正談及此事之時，產品開發部工程師，葛瑞絲・李，清一清喉嚨說道：「喬治，我實在不知道怎麼說，這項新媒體播放器原型機的開發計劃，我們部門已經落後一個月了。我們想要在不犧牲音質的條件下，把體積再縮小一點，我們已經發現，必須把整個電路重新設計。我們最快要到六月才有辦法準備好，做市場測試。」

這時候，直屬莎拉・堤爾曼市場管理部的丹堤・李諾地坦白認錯說：「咻～好險啊，因爲，坦白說，我們根本就還沒有開始對這個新播放器做競爭分析和消費者定位，我們的進度已經落後了。你可千萬別說是我說的哦。」喬治聽了之後，藉故先離席而去。

在回到辦公室的途中，他愈來愈沮喪。忙著和莎拉鬥，竟然忘了要去注意產品開發部。他是老鳥了，整個程序照說應該很熟的。他已經把自己的罩門打開等著別人來攻擊了。

但是他還有時間。他必須很快地弄一份書面證據，以降低損壞程度。首先，他必須發一份書面文件給產品開發部經理，康洛德・霍布斯，和他「再確認」之前討論過的原型機開發進度。他不能承認他已經知道有問題了，那會把葛瑞絲扯出來，而且更重要的是，還會顯示出他自己的疏失。莎拉那邊以後再處理了。現在，他必須不動聲色，把焦點團體的時程從五月改到七月。他知道市調公司那邊時間早就敲定了，這麼一改，一定會讓市場研究部花不少錢，但是，事有輕重緩急之分。

在準備四月份的行銷會議時，喬治到了開會前一天才把稿子發出去。他刻意把進度說明弄得很簡短。焦點團體的預定時程則改成七月，但是並沒有對這項變動作任何說明。可是他的老闆羅傑馬上就抓到了問題，並且在當天晚上發了一封電子郵件給喬治，問他焦點團體的進度爲什麼要延後。

訊息混淆的激勵機制

在消極進取型企業裡，沒有什麼事物會大幅移動，包括人員。升遷來得比大多數企業還慢，不過，升遷還是會有的……只是和你的表現沒有關係。由於這種企業對於人員表現的優劣，在升遷上並不能加以分別，因此養成了人員自滿的氣息，並且讓有能力的人感到挫折，這些人紛紛離去，尋求以績效爲升遷基礎的工作機會。這種企業，不但激勵誘因不能和企業最高利益有效地整合在一起，而且，績效評估程序幾乎是毫無作用，因爲絕大多數員工所獲得的獎金等級，不是第一就是第二。消極進取型企業因爲激勵機制整合失當，很難吸引和雇用有能力的人。

◎

「我剛到公司的時候發現，」賽門鐵克的約翰．湯姆森說道：「公司沒有機制鼓勵各事業單位相互合作。事實上，各研發團隊爲了爭奪資源，彼此之間，基本上是鬥來鬥去。過去的慣例是，如果你升了副總，則你會得到一輛ＢＭＷ，因此，領導團隊就有了這種津貼的心智思維。如果你要某人幫你做某件事，回答總是：『哦，那你要拿什麼好處來換？』公司成了『讓我們談條件吧』的企業內物物交換系統。」

在九〇年代末期，賽門鐵克的股價表現，遠比其他矽谷公司還差，但是執行團隊並沒有感同身受。他們的薪資以及獎金系統，嚴重偏於現金基礎，只有微不足道的一小部分股票。而公司也沒有特別去鼓勵資深經理人，要他們改善部門績效。基本上，大多數人的薪資獎金，和公司整體的財務數字有關。誠如湯姆森說的：「如果公司的股票表現不佳，他們毫不在乎。如果股票表現不錯，他們只有一點點像坐車碰上路凸一樣，有個額外的驚喜，但是，他們依然是坐在「收入安穩」這輛車子上；此外，如果公司達成季目標，他們拿到的獎金絕不含糊。我的想法是，『如果執行團隊的獎金和公司每季的績效有關，那麼，你要如何去鼓勵他們思考長期問題？』」

找藉口的備忘錄

在消極進取型的字典裡面，最常使用的英文縮寫就是CYA（「Cover Your Ass」，掩藏過失，以免受罰）。其實，這類公司可以拿CYA來當作使命標語。管理人員都以書面資料作溝通，而且他們利用書面資料來保護地盤、推諉塞責、合理化自己的作爲……或者是不作爲。

在消極進取型企業裡，到處可以看到員工利用備忘錄來當作藉口。管理人員把時間和資源耗在文過飾非上，而不是拜訪客戶或開發新產品。

ZZ電子　內部備忘錄

受文者：行銷總部副總經理　羅傑・瑪企諾
發文者：市場研究部經理　喬治・蘇利文
日期：二〇〇五年四月一日
主旨：焦點團體延期

有關新媒體播放器檔期展延之事，您所發的電子郵件，職已敬悉。來函提及您對於展期之事甚為關切，要求瞭解延期之原因。職謹在此詳加說明。

誠如您所知，本部門原定將紐約、邁阿密、芝加哥，及洛杉磯四城市之焦點團體時程安排於五月前二週。並計劃於每一城市設立五組焦點團體，以進行新媒體播放器之反應測試。然而，五月即將來臨，產品開發部卻未能如期完成產品之原型機，且市場管理部亦尚未整合競爭分析及消費者定位報告。

您或許記得，職去年十一月於行銷月會中所報告之市調計劃。本部門所排之積極行程，就該進度而論，產品開發部現在應已完成原型機，且市場管理部亦應於三月中旬之前完成消費者定位評估報告。不幸，產品開發部及市場管理部皆不能如期完成。顯然，去年耳機上市受挫之問題，仍未解決……儘管大家保證，問題已經克服。

我們不得不取消焦點團體，而使本部門時間及金錢上蒙受可觀之損失。邀請函已經印製完成，隨時可以寄出。協調員合約已簽妥，器材也已就緒。一旦其他部門能完成其承諾，我們立即可以再啓新局。

職建議於兩週後之行銷會議中，安排產品開發部及市場管理部上來報告，以確認其工作完成時間。希望本案能趕快就緒。

喬治・蘇利文

新領域醫療系統公司：「是」代表「不是」

幾年前，當賴瑞・史密特（Larry Schmidt）加入新領域醫療系統公司（New Horizons Medical System）擔任人力資源資深副總時，公司的狀況，立即讓他想起早年在日本工作的日子。「在日本，商務會議上說『不』的方式有八種，而這八種方法一開始都是先點頭說『是』。」他回憶道：「這和我們公司經營會議上的方式很像，一大堆我們所謂的『新領域式點頭』，卻絕少去跟催落實。結果，員工並沒有意願去執行他們才剛答應要做的事。」

新領域醫療系統公司以其病患照顧品質而聞名，對外界而言，這是一家自信而專業的公司。然而，從內部來看，實際上卻完全不是這麼一回事。雖說員工誠心相信公司的願景和價值，公司卻充斥著互相衝突的計劃以及根深柢固的不滿。內部的問題非常嚴重，以致幾年前公司差一點就分裂了。根據華爾街研究，其醫療中心和醫師小組，獨立出來的價值，高於放在新領域公司裡面，而且這些中心和小組也明白這件事。事實上這些醫師也曾經想要脫離公司……只因法令問題門檻太高而作罷。所以他們只好留下來了……只是怒氣難消。

「不信任感瀰漫在所有醫師，以及其他人之間。」金內威・布阿桑醫師（Dr. Genevieve Poissant）回憶道：「相互之間，不只是缺乏信任，還有明顯敵意。」人們會去質疑同事的動機，就誠如某位高階主管所說的：「他們等著看你把事情搞砸，好抓住機會攻擊，並推翻你的決策。」

二〇〇三年，該公司的高階主管聚在一起開會，其中有許多人發現，新領域公司追求願景的最大阻礙，竟然就是公司組織本身。其企業ＤＮＡ的四項構成區塊全部相互牽制且整合失當。其架構及領導模式極其複雜，以致角色和責任混淆不清。結果，決策權缺乏完善規劃，造成互爭地盤，衝突不斷。企業裡，資訊寸步難行，造成資訊封閉。最後，激勵機制和企業策略無法整合，而且在執行上反反覆覆。

組織架構：散亂，不具綜效

談到組織架構，新領域醫療系統公司是許多資產和活動的混合物。公司基本上由三大分支所構成：⑴十家醫療中心，基本上是獨立運作、垂直整合系統；⑵新領域精選理賠，爲一家保險代理機構，專事高風險族群險種；及⑶六個醫師小組分散於東北區。還有更複雜的，他們最近併購了賓州醫療中心，目前正在進行整合工作，爭議不斷，只會讓組織問題更爲嚴重。

在二〇〇一年，各單位雖然享受新領域公司品牌形象的優點，運作上卻根本和總公司毫無瓜葛；事實上，很多作業的目的，看起來是互相矛盾的。雖然每個單位對其績效，以及總公司醫療品質的風評感到驕傲；公司整體運作模式上的缺口和缺失，員工卻往往坐視不管，他們認爲：「這是別人的問題。」就像一位主管所說：「我們像個聯邦，小國林立，而不是一個統一、協調的組織。」

決策權：暗潮洶湧的地盤爭奪戰

公司裡，許多內部人故意將決策權和責任歸屬弄得非常模糊，「所以就沒有人必須去處理問題。」在大多數的專業領域及總部和分院之間，由誰作決策，進度如何衡量，並不清楚，不管是哪個議題，都有同樣問題，包括：策略目標、資本配置、知識傳送、資訊科技投資，以及所有公司整體性的作業問題。你必須「四處徵尋」決策人員，才能把事情做好。一位內部高階主管感歎道：「沒有人資深到足以發動改革，也沒有人因爲太資淺而不能阻止改革。我們原來的實力眞的很強，直到矛盾現象開始出現之後，我們才發覺不對勁了，但我們決定明年再好好的來作個決策。眞不知道還要忍受多少的研究、思考、痛苦、延誤，和因循？」即使決策作了，執行上由誰來督導，其實也不清楚。

舉例來說，合併賓州醫療中心之後有許多整合工作，因此公司決定斥資五千萬美元將兩單位的病歷系統整合起來。這項計劃雖然獲得兩邊的同意，也有資訊科技服務公司負責控制全程，但是因爲沒有人負責來決定主要設計原則，或哪些資料必須放在資料庫分享，計劃還是無法進行。

在新領域公司，各單位之間城牆高築，牢不可破。一般對資訊的態度是「自己建、自己造、自己用」，而不是慷慨分享或信賴其他單位所提供的資訊，結果，多數工作重複而多餘，喪失了許多節省成本的機會。保護自己的地盤是第一要務，也是管理會議的討論重點。基本上，新領域的功能不過是在昂貴的卓越之島上，提供一把遮陽傘。

資訊：系統泛濫

當傑夫・波爾（Jeff Ball）於二○○三年進入新領域醫療系統公司擔任董事長兼執行長時，他連公司有多少人這個問題，都沒辦法拿到正確資料。

「我們有上打的人力資源系統，」波爾回憶：「所以當我問，我們一共有多少員工時，事實上，沒有人能夠給我正確答案。我第一次所拿到的正式數據，事後發現竟和正確數字相差了百分之二十。其實，他們還是有在統計員工人數，只是沒有人曉得，就在各單位發薪水那裡，你至少可以知道個大概數字。」

在新領域公司，取得及時、正確，而一致的資訊是個大難題。管理人員面對兩百套以上的資訊系統，各自獨立而沒有中央控制功能，只能心存僥倖地說，「但願這資料可用。」一位總部高階主管坦承：「我們根本就沒辦法分析四所醫療中心的獲利能力，或是作病患類別的利潤分析。」其實連公司的功能性部門和醫療中心，相互間，及同業間的比較分析，也很困難；財務資料竟無法用於同類比較。

因爲各醫療中心普遍有「敝帚自珍，不假外求」的毛病，所以一家醫療中心即使有最佳實務，也無法傳授給其他中心。如果某個區中心開發出一套不錯的員工導引和教育訓練課程，那麼，該中心絕不會願意分享外流，而且其他中心也沒有興趣採用。如果一家醫療中心開發出更具效率的住院程序，則該中心會保守機密，當個寶似的。一位資深主管坦承：「別人做過的東西，我們還是比較喜歡另起爐灶。」

激勵機制：指令混淆

內部調查報告以及病患意見回函顯示，病患和其他接觸新領域的人，對公司之感受，深受員工服務品質及訓練程度之影響，而這方面，還有許多改善空間。例如：員工花太多時間於行政管理庶務，對病患的照顧卻相對不足、最佳實務並未推廣分享，及決策權不明確。

簡言之，公司被反激勵了。

醫師和護士花太多時間在繁雜的行政事務上，卻無法給病患更多關注。而且，因爲新領域還兼營保險業務，使員工接收到混淆的指令：讓客戶滿意，但是，別花太多時間。醫生和護士感覺被兩個相反力道拉扯。

此時，業界發生了……

然而，這些內部戲碼的演出背景——醫護產業這個舞台，正在發生重大變化。許多雇主爲了因應日益增加的保費支出，將部分成本轉嫁給受雇人。而受雇人爲了減輕負擔，開始對保險計劃精挑細選——各種不同設計的受益方案，包括可以降低個人保費的高自負額保險(high-deductible plan)。這項轉變，對新領域公司而言，既是危機也是轉機。有些整合型醫療服務機構，他們的健康客戶（利潤也最高）逐漸流失，客戶精明地四處尋求承保範圍更廣，保費更低廉的服務。但新領域公司在面對醫療客戶掌握了更多自主權，更有成本意識之時，卻沒有充分準備。「我們不敢奢望公司裡每個人能決定做什麼，及如何做。」一位面臨危機的經理人說道：「我們必須壯士斷腕，痛加改革。否則，新領域不只會錯失良機，還可能慘遭暗潮吞噬。」

治癒之手：消極進取之紓解

公司的領導團隊意識到，必須革除內部阻礙、對市場的重大變遷，迅速而有效地回應、同時善用這次合併案的改革良機，他們成立了臨時專案小組，成員來自各單位，解決各種組織問題，包括：決策權、資訊、激勵機制，以及組織架構。他們稱這個專案小組爲：治癒之手。

治癒之手專案小組研究了新領域公司每一種組織模式，包括：總部的角色與責任、醫療中心，以及功能性服務部門（即，人力資源、資訊技術、公共關係等）。專案小組對於決策如何形成、責任如何評量、資訊如何流動，和工作如何建構等詳加檢討。其討論坦誠、公開，而深入，讓員工燃起希望，如同一位專案小組成員所說：「我們終於要處理組織及行爲問題了。」經過數月研究，專案小組提出了改革建議。

決策權：規劃發展藍圖

有了治癒之手專案小組的建議，資深經營團隊仔細地檢視了公司裡，總計約百來項的決策權配置案，裡面詳述決策方案該由誰提出、經誰確認、誰作決定，及誰負責執行。這些決策權涵蓋甚廣，從公司的策略方向（例如資本配置）、引進醫療最佳實務、到功能性作業（例如人力資源、資訊技術、財務、採購）等。管理團隊還解決了決策之後的溝通問題，不會再有誤解或推諉塞責之情事。

經營團隊將公司的主要策略目標和二〇〇六年預計進程，整理成一份「新領域發展藍圖」，以符合新決策權和資訊流的要求。

這份藍圖不只明定了各階段實施步驟，還確認了計劃推動的負責人員以及成效評量方式。誠如波爾的說明：「這份發展藍圖，把各項策略間的相互關係，及其進展狀況說明得很清楚。我們定期更新，做爲我們和董事會以及員工的重要溝通工具。資深團隊的每位成員，對於哪一項目標應該於何時完成，有一份詳盡計劃，而且我們把這項作法，深入推行到組織裡的各個角落。我們的經營團隊，每月檢討目標和進度。一旦發生問題，權責主管馬上就能加以確認，所以團隊可以相互合作，當場解決。大家的焦點不再是如何推卸責任，而是『我們要如何解決問題，才能回復正常？』」

資訊：在醫師唾手可得之處

該公司除了以「新領域發展藍圖」來設立里程碑，監測工作進度和策略目標之外，還重新翻修整個資訊系統，以提供現場醫師及行政人員更佳的支援。如今，他們坐在位置上所能拿到的資訊，遠比以前還多，如病患資料、治療選擇，和療效等。

激勵機制：焦點在於病患

在治癒之手的建議之下，公司成立了專案小組，檢視新領域公司各種作業模式之間的缺口。在賴瑞・史密特帶領之下，人力資源工作小組（成員來自各部門，包括：醫師、護士、技術人員、財務專家，和資訊技術專家等），重新設計了整個人事作業程序。特別值得一提的是，他們所設計出來的薪資結構，讓醫師把焦點放在病患身上，而且他們還把計價程序合理化。新作業模式明顯提升了公司效率和員工滿意度，從而節省行政成本。

組織架構：震撼教育

當傑夫・波爾於二〇〇三年來到新領域擔任執行長時，他馬上就成立了一個自己的團隊。不到幾個星期，他又把幾名高階主管的職務作了一些調整，還從外面找了一些幹部進來，同時也讓幾個幹部離開，因爲他認爲，這些人不會支持他的計劃。對一個「外來的」執行長而言，首要的工作就是分辨出哪些幹部有能力而且願意改革；而哪些幹部會對改革計劃造成阻礙。

新領域醫療系統：後記

過去這幾年來，新領域公司已經認識到市場的外在壓力以及內部功能失調的問題，因而將行動投注於「改變遊戲規則」上。

新領域公司所開發出來的產品彈性越來越大，所以他們大量投資，整合資訊系統，以支援這些產品。同時，傑夫．波爾還從業界請來頂尖高手，充實公司實力，並鞭策公司，提升整體績效。

二○○四年，各單位（包括醫療中心、醫師小組，以及保險業務等）的行政領袖和醫療領袖齊聚一堂，共同簽署了「新領域發展藍圖」，針對病患照護、服務品質、行政成本，及價值等事項，他們承諾達成精細的五年改革計劃。

雖然新領域公司要達成目標，還要不斷地投資和努力，但毋庸置疑，該公司已邁向韌力調節之路。該公司現在擁有明確的目標、有用的衡量工具、很好的知識移轉程序，以及明確的發展藍圖，可以檢視目標和進度之間的差異。

消極進取型：處方

那麼，你要怎麼「治療」消極進取型企業呢？有一點很明確：你不可以只在表面上下工夫。你必須深入到消極進取型企業的骨子裡頭，改造其企業DNA。只有如此，你才可能看到清楚而持續的效果。

每項構成區塊都要翻動

消極進取型的企業文化，在定義上來看，就是抵制改革，而且特別難以矯正。如果只是單獨處理專案中的某個構成區塊，則影響極微，以致白費力氣，因為所有的構成區塊，在功能上都有問題。公司必須將四項構成區塊——決策權、資訊、激勵機制，和組織架構——同時一併處理，才能讓變革長存。處方必須全面而徹底。雖然行動計畫本身，也許只是建築在一系列前後相連的小步驟上，不過，重新設計組織的企圖和成果，卻可以大得像是組織改造。

◎

一九九九年，約翰．湯姆森到賽門鐵克擔任執行長時，他對組織做了一個全面大翻修。砍掉幾個事業部和產品線，讓其獨立，改組經營團隊，重新修訂了獎賞制度，以及，如他自己所說的，「幾乎有關公司的每件事都改掉了。」他以「打開潘朵拉的寶盒」來形容整個探索過程：「你打開盒子，看到了一些壞東西在裡面，這時，你要不就把蓋子闔上，因爲你沒時間去對付那些壞東西……要不就一頭跳進去，展開了打打殺殺之旅。」（譯註：寶盒最後跑出來的是好東西，希望。）

「我們把舊有的訊號線路完全切斷。就好像佛羅里達州接連好幾個颶風來襲一樣。電纜線（譯註：power line，與權力線爲雙關語。）斷落於地上劈啪作響。但總得要接回去才行。於是，我們決定抓住這個機會，用不同的方式，把線重新接起來。」

結果非常驚人。在短短五年內，賽門鐵克營收由六億三千二百萬美元成長至十八億七千萬美元，而且公司成功地將營運重心由原來的消費性軟體出版業，移轉到個人和企業的網際網路安全防護服務，這是目前當紅的利基業務。今天，賽門鐵克已將業務擴展至規模更大的資訊管理市場，協助客戶確保資訊能安全地傳播給不同的接收群。在湯姆森的領導之下，該公司已陸續購併了二十餘家公司，並且非常成功地加以整合，財星雜誌將其列爲全美百大就業首選的公司。

引進新血

消極進取型企業必須整個大翻修，才能導正，而這股推動力量，通常來自外界。那就是說，外來的和尚在領導公司進行大革命時，必須忍受某些功能障礙。他們沒有老員工那種經營多年的公司人脈，而且中階管理人員很容易被分化……如此一來，會進一步強化了消極進取型企業的病根，讓改革的阻力加大。成功的外來和尙會適度去挽留幾個資深主管共同奮鬥，以表達對公司之忠誠，但會放棄那些一直不願同舟共濟的人。還有另一種方式，這些「外來和尙」事實上就是由內部人來擔任，他們是企業內部的改革單位。來自內部的新領導團隊，和外部團隊一樣，必須努力去培養基層員工的信任與尊敬。他們通常在行動上明快果決，以贏取民心。事實上，當他們在面試外來執行長時，幾乎全都認爲，他們和外來人員的見解相同，唯一不同之處是，他們可以更快地決定哪些人可以留下，而哪些人該請他走路。

◎

約翰．湯姆森談到賽門鐵克時說：「這是一家失去方向的公司，需要一個和公司人事、程序，和策略完全不相關的人，嚴厲質問公司一些問題，並且作好準備，照著答案去執行。公司前任執行長，哥登．由班克斯（Gordan Eubanks）非常了不起地將公司從一無所有發展至今。這正是公司成立之後，業務規模可以在十五年內成長至六億三千二百萬美元的原因。這也是我在東岸思考是否接掌公司時的觀點。現成的原料和特性就擺在那裡。我只是換了雙眼珠子，也換了一副眼鏡來看這家公司可能的變革。」

賽門鐵克的故事是這樣的，約翰．湯姆森來到了公司裡頭，一手拿著資源，一手抓著韁繩。他對企業DNA進行一系列的大幅改革，讓公司重享成功滋味，然後開始把韁繩放開一點點。不過，可以把多少控制權還給組織，要非常小心拿捏，因爲舊有的行爲模式，可以潛伏多年。「那個消極進取型基因還在，隨時找機會復出。」約翰．湯姆森說道。

作決策，並且堅持到底

消極進取型企業的特色是缺乏決策執行力。即使決策已經形成，多半還是會遭到事後批評、反對，或忽略，甚少可以落實的。因此，如果要提振消極進取型企業效率，首要任務就是明確地指派決策權。這些「權力」應該指派給擁有適當資訊並且能夠有效執行的人（通常是作業現場、面對客戶的員工）。然而，把一堆決策分派出去，就任其自求多福，也是不夠的；在消極進取型企業，必須針對這些決策，把責任制度化，並連結到考核和獎懲，以求執行成功。還有，資深管理人員要將決策程序合理化，除掉事後批評這類障礙，並指定程序管理人，以看管決策執行過程。

◎

「我們有太多的人會說『不』，而太少的人會說『是』並且堅持到底。」約翰・湯姆森說道。他剛到賽門鐵克的第一項重要工作，就是對抗跋扈的分公司主管以及產品經理那種霸道的否定態度。「那時候，產品經理簡直就是國王。一個十職等的產品經理可以告訴執行長該怎麼做。」湯姆森回憶道：「而分公司經理更是大權獨攬。他們會告訴產品開發小組，什麼商品他們才賣，什麼商品他們不賣。」分公司向來惡名昭彰，經常自行設計產品包裝，對於不想賣的產品，則任其堆積如山。

「我們必須把控制權收回來，決定誰該爲什麼決策負責。」湯姆森說：「因此，我告訴分公司：『你的工作就是執行。要你做什麼，你就做什麼。你不是事業本部。你是公司的銷售機器。你的工作是，我們生產什麼，你就賣什麼，由不得你挑三揀四的，更不容許你擅作主張，搞自己的促銷案子。』然後我們要求事業本部必須對客戶多用點心思。因此，我們針對客戶群，重新設計公司架構，分為個人消費事業群和企業事業群。」

鼓勵資訊的有效分享

有效的決策，有賴於及時而有效地使用相關、精確的資訊，而這點，並不是消極進取型企業的特色。因此，當企業明白地揭示決策權並指派妥當之後，組織內的資訊流就必須做有系統的重組。管理當局必須建構一套系統，讓決策者可以很容易地取得重要的資訊。這表示，應該把報告程序合理化，使高階主管可以對市場和客戶的動態更為貼近。這也表示，要促進資料流動，提供給中階主管使用，因為他們最能運用這些資料來服務客戶。消極進取型企業特別要留意的是，打破功能性部門和分公司之間的藩籬，並且建立適當的激勵措施，鼓勵資訊作有效分享，包括縱向和橫向的分享。最後，高階主管必須建立機制以確保所有對外資訊明確而一致。衡量指標並不一定要數量化，但是，一定要讓人可以在視覺上清楚地看出決策的影響情形以及進度和目標的差異。當計劃或專案可能無法達成時，衡量指標還必須能夠提出預警。簡言之，你要衡量正確的事，並且正確地衡量。

◎

六月下旬，焦點團體的進度已經變更過了，喬治·蘇利文正在忙著準備工作，在這段期間中，他在公司舉辦的經理人進修營上碰到了朱蒂·迪葛拉斯，他們一起吃晚餐。喬治看到朱蒂依然興高采烈，感到很奇怪，因爲他知道，去年她才爲那個新媒體播放器無法上市而傷痛萬分。如果你還記得，朱蒂曾經是媒體產品事業部的業務經理。然而，之後沒多久，朱蒂就升上了銷售主管的位置，而且還在新執行長，山田俊彥的專案中，獲選爲儲備高階主管。她屬下有十二個人，在管理上，她以自創的績效模式來領導，目前也已經有不少的業務單位採用這種管理模式。事實上，隔天她還要向資深管理團隊作簡報，介紹這個成功模式。

當晚，喬治回到旅館房間，朱蒂的例子，激起了他的雄心壯志。在喬治看似嘲諷的外表下，深藏著他十六年前，剛到ZZ電子工作時的五陵豪氣。這麼多年來，這是第一次，他想要像朱蒂一樣，從自己周遭開始，改變公司。他決定要放手一搏。

喬治爲七月份的行銷月會準備資料時，破除了門戶之見，跨越部門藩籬，向產品開發部及製造部請益。他以一頁大小的試算表，彙整所有市調案進行狀況。裡頭不再有推拖藉口或暗藏玄機，所有該做的事，他都主動去做。他也不再像以前一樣躲著財務部了，這次他召集財務部支援小組和自己部門開會，對目前進行中以及預計進行的產品，把預算、時程，和風險處理等事項，詳細作成報告。沒有人要他這樣做；從技術上看，這也不是他的工作；而且還會增加部門工作負荷……但是，這些都是一個爭氣的市場研究團隊所該做的事。而喬治打算好好地爭一口氣。

這次行銷月會，喬治邀請產品開發部、製造部，以及主導焦點團體的市調公司，派員參加他的時段，而不再像以前一樣，把他們全蒙在鼓裡。喬治知道把所有人集合起來討論，是計劃順暢的關鍵，有問題可以馬上提出來，一次就全部搞清楚。新媒體播放器市調計劃的簡報告一段落之後，接下來的討論，其參與之熱烈，討論之精彩，他在ZZ電子公司多年，從未見過。

而壓軸的是莎拉・堤爾曼，她事後跑來找他，盛讚喬治的方法堪稱神效。他還收到市調公司的感謝函，以及產品開發部和製造部同事發來的跟催電子郵件，聽起來，他們對新媒體播放器上市案眞的很興奮，希望焦點團體報告一出爐就可以馬上看到。你可以感受到，大家都把心思放在消費者對新產品的反應上。喬治安然坐下，讓他感到欣慰的，不只是公司可以如期推出產品，還有他一手創造出來的改變。

常態分配的鐘形競技場

消極進取型企業對於員工的要求以及績效落差，在溝通上，非常差勁。結果，績效達不到水準的員工永遠不會「被暗示」。如果要把員工行爲和組織的整體目標整合起來，高階經理人應該嚴謹地設定員工績效以及薪資獎金連動標準，並充分溝通。簡單說，他們要在鐘形常態分配上打分數。對於表現優秀者的突出表現（不論是量化的績效或是符合公司價値行爲），應加以考核和獎勵，而不是發給象徵性的獎金。他們應該得到更多的獎賞，不論是在金錢上或非金錢上。同時，表現差勁的員工，要讓他們知道他們處於淘汰邊緣，要給他們改善機會或請他們離開。企業應該把獎懲及考核和決策權及重要衡量指標（例如：對作業影響程度、預算承擔能力、品質，和客戶影響力等）結合起來，並且將各項因素之間的關係，明白公開。基本上，消極進取型企業要少一點官僚作風，多一點精英制度。

◎

「我們有一套股票選擇權計劃，適用範圍很廣，但不是每個人都有。」賽門鐵克執行長約翰・湯姆森說道：「早期我們的想法是（如果我們想和以前一樣成長的話），選擇權的發放對象要精挑細選，以免把我們的股票價值給稀釋掉了。所以我們首先確定哪些員工對公司有價值，但他們不要選擇權，只要獎金。然後我們就可以把更多的選擇權給工程師和其他攸關公司長期發展的員工。」

此外，賽門鐵克引進了許多不同的薪資方案，讓員工可以和企業目標相整合。高階主管的薪資結構，減少現金部分，但權益證券這部分則明顯增加。副總級不再配一輛BMW，改採購車補助以及年度獎賞計畫，使薪獎制度去蕪存菁。

「我們把這套薪資調整方案進一步推行到各單位。」湯姆森說道：「現在，每個人的薪資都和營收、生產力及獲利能力連動。從收發室的員工到我本人，我們都關心和收入有關的兩件事——我們的營收成長狀況和獲利情形。當我們把焦點從獲利能力轉變爲獲利和營收成長時，有非常多的人不能認同，問道：『憑什麼要我關心那些事？』我的看法是：『你們大多數人和獲利一點關係都沒有，但是每個人都和營業收入有關，所以，讓我們把獎勵辦法平衡回來，反映實際狀況吧。』」

幾乎每位賽門鐵克員工都參加員工庫藏股計劃，他們可以用折扣價買進賽門鐵克股票。「這是理所當然的。」湯姆森補充說：「軟體公司有什麼資產？我們是有一些電腦和幾棟建築物，但最大的資產是幾千名每天在這裡工作的員工。在軟體公司，如果你不能把內部整合好，你就不可能作出好產品；你也不可能提供好的服務。這些，你馬上就可以從員工的態度中看出來。」

◎

消極進取型企業的困境是隱晦不明的。從外部看，似乎是一團和氣；但從內部看，卻是千瘡百孔，處處問題。只要一小部分患有此病，則遲早會到處傳染使公司瀕於絕境。雖然消極進取型企業的轉型工作相當艱巨，但是這些工作，卻可能讓公司永續長存，脫穎而出，更重要的，這也是公司存亡成敗之關鍵。根據我們的經驗，共同而一致地施行這些處方，可以讓組織的責任明確、資訊流向正確、擁有均衡的績效衡量系統，以及最重要的，增強執行力和提升效果。

4

失控：頭眼手腳不協調

時停時進型企業：人才濟濟，卻不能做到齊心協力

正如文革時期著名的「百花齊放」運動，

「時停時進型」企業中，

各決策者都能自由自在地決行，

然而缺乏高層的適當整合，缺乏共同目標，

資源很快耗盡，企業表現極不穩定。

孤軍奮戰的優秀人才無法團結起來，

最後往往選擇離開。

時停時進型企業有許多精明、主動，及才華洋溢的員工，但這些人往往不能團結起來，爲共同目標而奮鬥。如果這些人能爲共同目標努力，則可以展現出類拔萃的策略行動。然而，典型上，這些人缺乏紀律和協調能力，以致無法持盈守成。時停時進型企業吸引了各種聰明才智及企業家精神的人，這種企業的環境完全沒有限制，任何人都可以想個點子並放手去做。但是因爲高層沒有強勢的領導方向，基層又缺乏共同價值的穩固基礎，這些創意不是互相衝撞抵制或損耗殆盡，就是無疾而終。結果，整個組織因爲過度伸展而處於失控邊緣。

時停時進型企業是徹頭徹尾地缺乏協調。因爲承襲了核心構成區塊的特性，這種公司的各種機制總是相互抵觸，在市場上的行動是時停時進，章法全亂。例如，決策權非常分散，而在擬定公司最佳決策時，所需要的資訊，通常不是沒有，就是只有總部才有。各階層的決策者有如群盲摸象，以致整個企業策略無法貫徹。

優勢廣告

琳達・賽蒙來優勢廣告（虛擬公司名）已經十八個月，卻開始懷疑當初跳來這裡是不是錯了。琳達在廣告業，已經有十九年經驗，起初，她是紐約一家大型廣告代理商的業務代表，後來則在全美最大玩具零售商，一流玩具（虛擬公司名）擔任行銷長，最後才被優勢廣告執行長，雷・柯締斯挖來這裡擔任執行合夥人。總之，當初是因爲在大公司待久了，靜極思動，再加上優勢廣告那種創意能量以及自由氣息，對她是很大的誘惑。多年來，她在一流玩具以及之前的廣告代理商工作時，一直都是雷的客戶。雷曾經是她的良師益友。事實上，八年前雷開設優勢廣告時，主要還是因爲她的幫忙，才有辦法拿到一流玩具這個案子。之後沒多久，她就跳到一家大型的消費性商品公司，沒和雷聯絡了。兩年前，當雷打電話給她，邀請她來當合夥人時，她認爲這是個大好機會，可以告別單調的大公司生活，入股跨進活力十足的廣告事業，而且是雷這個鬼才在經營，她很興奮。

雷特別找琳達過來，是因爲她在客戶端的經驗。她瞭解坐在會議桌對面那些客戶的一舉一動和想法——他們是用什麼標準來遴選代理商？什麼東西才可以抓住客戶的心、引起他們的興趣？這些觀點，正是優勢廣告所殷殷盼望的。然而，儘管雷有精準的廣告直覺和出色的領導魅力（還有他找來公司裡的許多創意怪才），優勢廣告拿到案子的速度卻不足以維持日益龐大的作業群。優勢廣告在達拉斯、亞特蘭大、底特律，和洛杉磯都設有辦公室，員工七十五名，所以連一些小案子都得去搶，才能勉強軋平。

琳達到優勢廣告不到一個月，就發現不對勁了。當琳達第一次看公司帳冊時，起伏不定的獲利能力和業務集中於單一客戶：一流玩具，讓她驚訝不已。事實上，一流玩具的業務量，占優勢廣告媒體收入一億美元的百分之四十。雷可以說是在亞特蘭大和洛杉磯這兩處的小據點上，付出了過高的代價，而目的只是爲了能就近服務一流這家客戶。在底特律設辦公室是爲了分散客源基礎，焦點集中在汽車業。雖然方向對了，卻還在爲損益兩平掙扎。接著，她將原本以辦事處爲基礎所整理的財務數字，改採客戶別分析，這點，以前竟然沒有人想過這樣做；結果，她發現可能有上打的客戶可以讓公司稍稍賺錢，而有四家客戶卻讓公司虧損；事實上，這四家客戶一直讓公司賠錢。

參與過幾次客戶的甄選案之後，她更感到憂心忡忡。成爲優勢廣告合夥人幾個月之後，她也開始參與新客戶的簡報案，上蠟產品公司（虛擬公司名），一家銷售汽車蠟和清潔用品的公司。這家公司因爲業務已經開始衰退，所以就拿出五百萬美元找廣告商來研究，而優勢廣告是三家入圍者之一。琳達已經看過參選資料，而且在飛往底特律的飛機上，簡報小組整理了一份研究報告給她詳閱；那眞的是一份強而有力的報告。其廣告概念非常有說服力，而且特別針對客戶需求。報告展現了優勢廣告在汽車清潔產業的扎實知識。她覺得這個案子應該是優勢廣告的囊中物。

隔天早上，從簡報小組在旅館集合開始，就不是這麼一回事了。本來排定早上七點半要開會討論資料和協調角色，卻只有琳達一個人準時來到旅館餐廳。三個負責研究報告和甄選資料的初級專員，晚了十五分鐘，才氣喘吁吁地趕來；因爲他們整晚沒睡，都在金考快印（譯註：Kinko's Inc.，目前已併入聯邦快遞）忙著印製報告。雷・柯締斯和底特律辦公室的合夥人，羅布・諾克斯，八點才到；因爲被另一個客戶的電話給耽誤了，連說抱歉。接著，他們對該客戶的電話內容高談闊論，最後還模仿客戶發問的腔調來取樂大家。當他們要把主題轉到上蠟公司時，已經八點半了，這時必須驅車前往上蠟公司了，才趕得上九點的簡報。

羅布建議讓負責整合甄選資料的經理，瑟琳納・海斯來作簡報。瑟琳納當場感到錯愕，非常緊張……直到羅布開玩笑地說：「雷和我眞的還來不及把最新版的簡報資料仔細看過。」羅布沒提到（但應該要提）的是，他上個禮拜和上蠟公司的行銷長吃過晚飯。吃飯當中，他們花很多時間在講一些焦點團體的滑稽故事，而且認爲，太多公司已經變得過於依賴這項過時的市調技術。

當車子在底特律的交通尖峰時段中抵達客戶公司時，優勢廣告小組已經遲到了，來不及在九點準時開始，而下一組的廣告公司卻已經到了。他們正和上蠟公司負責審查的執行小組熱烈暢談。琳達看到對手俐落而專業的穿著，很快地記下自己這邊五花八門的服裝。她和幾個資淺的經理穿著套裝。雷和羅布卻穿著商務便服。雖然上蠟公司的高階人員也穿便服，但，他們畢竟是客戶。琳達記下雷和羅布不夠正式（以及小組成員沒穿制服），因爲客戶會認爲這是散漫的象徵……對優勢廣告又是另一個打擊。

而他們甚至還沒開口呢。

然而，當簡報開始進行之後，優勢公司開始扳回一些劣勢。瑟琳納對簡報資料的掌握能力，以及小組對上蠟的市場瞭解，都非常出色。他們富有創意的觀念具啓發性並且切中客戶目標。而且，雷和羅布還頻頻插進簡短、機智的專業評論。琳達可以看到客戶不斷地點頭。他們總算回到正常狀況。

瑟琳納簡報完之後，應該是中場休息時間，這時，上蠟行銷長問了一個問題：「在這個促銷案的研究階段中，你們認爲焦點團體的重要性如何？」這時瑟琳納膽子變大了，立刻說明，焦點團體是市場調查計劃不可或缺的一部分，也是基本的第一步。沒想到，羅布很快地站到瑟琳納前面，並且完全反駁她剛剛才說的話，說焦點團體是恐龍，在瞭解客戶行為上，重要性已經大不如前了。事實上，優勢廣告認為焦點團體毫無用處，還不如去做人種學調查或到賣場四處打探。

雷最後起身，以他的標準方式作總結，依然是「信賴優勢」那一套，而最後結束的那張投影片，竟然和給一流玩具看的那份完全相同。投影片上的數字已經是三年前的了。

一星期之後，羅布聽到上蠟行銷長轉達過來的消息，他們決定給別家做。對方還主動說明，優勢簡報的創意比較好，對汽車清潔產業的掌握也比較靈活；以個別人員來比較，優勢公司占優勢。但是上蠟公司的高階主管認為，把品牌形象交給一家連自己意見都沒辦法整合的廣告公司，是否妥當？對方還提到羅布和瑟琳納意見相左之事，以及規劃案整體上來看，各單元顯得零散，缺乏整合。當羅布轉達這則消息給其他小組成員時，琳達毫不意外。

屋漏偏逢連夜雨，此時一流玩具決定重新遴選廣告代理商，而且琳達以前的同事說，不保證會和優勢續約。

◎

優勢廣告是典型的時停時進型企業。這種企業具有許多企業家精力和不馴之才，卻大多缺乏協調和紀律。即使優勢廣告擁有那麼多的創意天才和市場智慧，在爭取案子時，仍然勝少敗多。這怎麼可能？事實上，各辦事處的合夥人，在工作上似乎不能好好協調，展現出一致而令人信服的訊息給客戶。

時停時進型企業通常會先旺個幾年，但是其管理模式，卻不能隨著企業規模和領域的擴展（通常經由購併）而日漸成熟。雖然這種企業擁有豐富的才華和資源，卻沒有足夠的管理技術，來有效整合和駕御。當市場競爭發生變化時，他們往往反應不及而陷入困境，由於缺乏清楚的願景和扎實的管理程序，他們能做的，最多只是要大家「更努力」。而重振旗鼓這類的呼籲，免不了要推行幾項新的行動方案，但很快就會失敗，因爲中央還是沒有明確的方向，以及貫徹協調的能力。

時停時進型企業：症狀

時停時進型企業的決策權和資訊這兩項構成區塊，基本上是整合失當。公司上上下下每個決策者都可以自由自在地決行（這代表主動，而且通常視爲「健康」跡象），但是，在這種企業裡，決策者在擬定良好決策時所需要的資訊卻被截斷。他們的行動，讓人看不出有共同的目標，或感覺到整體方向，造成市場行動毫無章法。時停時進型企業通常會出現下列症狀：

小贏大輸

通常，時停時進型企業會突然有個突破性新產品，或是行銷活動爆冷門來個大滿貫而賺進許多「樂透」之財，但，這並不穩定，誰知道天上什麼時候還會掉下禮物來？其實，沒人能保證這種好事還會再發生。時停時進型企業將決策權極端地分散，其哲理有如中國的毛澤東主席在文革期間所揭櫫的「百花齊放」。結果，資源很快地揮霍殆盡，而且企業也無法穩定營運。其經營表現則是起起落落。

隨機發生的大勝利，讓經理人對企業失敗的時機和原因感到相當困惑。但時停時進型企業的確會失敗……而且經常失敗。爲什麼？因爲企業缺乏紀律來讓運作平順穩健。孤軍奮戰的前線主管在作決策時，得不到正確資訊，也沒有清楚的獎勵措施來引導人員爲共同目標努力。時停時進型企業因爲沒有最高願景和方向感，以致由成功急轉直下，變成失敗，讓經理人和基層員工同感挫折。

變換車道時打瞌睡

時停時進型企業不同於過度管理型及過度膨脹型企業，基本上採分權式管理。其企業文化是「說服和勸誘」而不是「命令並控制」，創業性格受到呵護而不是壓制。問題是這些勇猛的才子，大部分只能孤軍奮戰，因爲公司對於他們進度的管制方式是放任不管。時停時進型企業的高層主管並非強力控管，他們不是太弱就是太散漫，以致不能對員工灌輸深層價值，或指引明確方向。缺了這些領導統御工具，總部根本就無法駕御這種企業脫序現象。

◎

有一家高速成長的矽谷高科技公司正好是這種行爲的縮影。在這家公司，高階主管的工作就是讓科學家和工程師做出驚人成果。科學家和工程師才能創造價值……才有私人辦公室。管理團隊只要把這些才子服侍得好好的，讓他們心滿意足，那麼公司在技術領域裡就可以維持領先，保住有錢的客戶，成爲客戶的最佳供應商。

或許那只是他們一廂情願的想法。事實是(在缺乏上層堅定的領導方向下)，企業的運作，成了多頭馬車。業務發展則是一堆缺乏監管、時而相互衝突，和荒誕古怪想法的雜亂組合。好幾組行銷和業務團隊，各自忙各自的計畫，彼此在工作上缺乏協調（甚或溝通）。對外，客戶則被其混亂的訊息搞得昏頭轉向的。

喧囂之中，有理性的聲音。這家公司除了一流的工程師之外，仍然有一些商業上的有識之士，例如，他們瞭解，公司應該爲無所不在的微軟視窗平台，開發應用軟體。可是，該公司竟沒人負責對市場做有系統的評估工作，並且找出獲利潛力最大的領域。也沒人有權來調整公司方向，以追求這些光明機會。更糟的是，成本沒人在看管。事實上，該公司已經耗費巨資，在矽谷設立了二十多個辦公室，還計劃要爲總部蓋新大樓，製作模型。

後來，獲利衰退了。在一九九〇年代中期到後期，因爲競爭者開始入侵該公司的領域，市場開始變得緊俏。該公司因爲沒有爲最壞狀況預作準備，整個企業向下掉入旋渦裡，無法自拔。該公司不習慣抓緊作業預算，也就無法爲其浪費療傷止痛；沒人有權，或是沒人可以動用組織力量來刪減產品、撤掉產品線，或大幅刪減作業費用。一位前任高階主管這樣形容這家公司：「組織主控台的後頭，竟然沒有接上連接線。」即使該公司已經每況愈下，其任職多年的執行長還一直在強調技術和人才爲業界第一。但是黑洞已經打開了，這位執行長最後終於離開了公司。數月之後，其繼任者亦提出辭呈。

內部衝突造成市場困惑

由於決策控制權實際上掌握在各事業單位手中，所以各自爲政的情形愈演愈烈，使得企業總部失去掌控能力。事業單位追求的是各自最大利益，而非公司整體利益，以致作出次佳決策，使公司績效欠佳。更糟的是，有些事情根本沒有人來作決定（或無限期拖延），因爲各事業單位不是忙著鬥爭就是互相推卸責任。除非總部能重新掌握決策權，否則就無法解決這些衝突，讓各事業單位能夠統一行動。整個企業變得分崩離析、雜亂無章，嚴重時，會讓市場感到該公司充滿矛盾或相當傲慢。

資訊困境

在時停時進型企業，創意蓬勃發展而資訊卻萎靡凋敝。資訊既不往上流，也不往下流，更不向旁邊流。由於總部採取放任政策的態度，以及現場作業堅持獨立自主；使得總部得不到現場員工的市場知識，而中級主管也完全不瞭解自己所作的決策會對企業損益產生何種衝擊。資訊，不會像過度管理型企業的情形，在層層官僚中消失；而是根本未經傳遞。對這些企業而言，不幸地，疏忽並不是件好事。高階主管無法調整策略以因應市場變化、基層主管只能選擇次佳決策，因爲他們都缺乏其他相關部門的完整資訊。他們無法有效地協調資源、推廣最佳實務，甚至於無法將自己的工作和公司整體策略整合。這種資訊困境所造成的結果是：部門間壁壘分明、公司效率低落、許多的工作重複而多餘。

隨機獎勵

如果決策和資訊不能協調一致，你可以想像時停時進型企業……在其每個角落，薪資和獎金制度會是個什麼樣子。各事業單位及功能性部門主管自己手動設定部門獎金，包括金錢和非金錢的。如此做法，無可避免地會造成激勵機制整合不當，自然地，也會導致企業內部衝突，因爲辦公室的包打聽（這是公司唯一有效的資訊管道），會到處傳播消息，猜測各分公司或各事業部（基本上執行相同任務的單位）之間的薪資獎金差異。突然間，時停時進型企業裡精明、才華洋溢的員工，開始利用上班時間，整理自己的履歷表。

職業發展規劃在時停時進型企業裡很少受到重視。各事業單位所作的績效考核並不一致，而且很難比較，因爲公司沒有一套定義完整或統一的績效衡量方式。脆弱而不一致的考核會導致升遷不正常。通常績效和升遷之間的關係薄弱。

時停時進型企業集中資源給才能特殊的員工，讓他們升官……再升官，而不是訓練和發展。公司所提拔的這些新星，因爲尚未具備必要的技能和經驗，當其管理責任愈來愈重時，就會折損殆盡。企業裡沒有人一路帶著他們，看著他們到各個功能性部門和事業單位歷練。結果，這些人光芒乍現，到最後卻全軍覆沒。所以，時停時進型企業處於一種風險之中，喪失最大資產：人員。

探索診斷公司：探索統一

肯尼·費里曼（Ken Freeman）讓工作來適應自己。費里曼是康寧公司（Corning Incorporated）二十年的資深老將，並且是一位能夠振衰起敝的高階主管，他在一九九五年五月奉派到康寧臨床實驗室（Corning Clinical Labs）進行整頓，這家是玻璃巨人「破碎」的臨床實驗事業。費里曼的老闆提供了「來回票」這個條件，要他到紐澤西州的泰特波羅（Teterboro）上任，擔任這家病懨懨子公司的臨時執行長。他們猜大概要一年他才能「抓到」控制要領，至於把業務導回正軌……也許要十八個月吧。

費里曼到康寧臨床實驗室上班的第一天極富啓發性。「我從大門口走進一道很長的走廊，經過自助餐廳，一路來到辦公區。而我，說實在是個和善的人，所以一路上微笑打招呼說：『哈囉』。很多人迎面走過，有好幾千個人在那裡工作呢。但是，實際上沒有一個人看一下我，更不要提『哈囉』或微笑回應的了。他們看著地板，看窗外，看任何可以閃過我的東西。那成了我的第一項重大啓示，也許這家公司不是三兩下就可以搞定的。」

費里曼的想法沒錯。

康寧臨床實驗室正爲一堆問題所困，績效不彰。其中一個問題是，這家公司過去狼吞虎嚥地併了很多競爭同業的實驗室。費里曼還沒來之前，公司在十八個月內就完成了三個重大購併案……之前在一九八〇年代到一九九〇年代則一共吸收了將近五百家小型實驗室。沒有人去注意整合的問題。以費里曼的話來說，康寧臨床實驗室在那時期的購併方式是：「買下來，搞定，然後全部敲碎。」

其結果就是成了一家「沒有認同」的公司。費里曼回憶他上任之初第一次到巴爾的摩，問員工說：「你是哪家公司的？」有的說是美培斯（MetPath）。有的說是馬利蘭醫療（Maryland Medical）。這些都是他們合併前的公司名稱。這麼多年合約的墨水也該乾了，可是員工認同的還是舊公司，而不是康寧。

沒有人作過員工滿意度調查。也沒有人衡量客戶滿意度。實驗室只有少數的生產力紀錄。就像費里曼所說的：「那眞的只是動工，做試驗，然後寫報告。除了最顯而易見的事件之外，沒有重要衡量指標。他們不會去掌握程序變數，事實上，調整這些東西是可以改善績效的，例如反應時間。」

康寧臨床實驗室有一點像是由併購進來的實驗室所組成的鬆散聯邦，裡頭各個專才天馬行空的發揮，卻幾乎從不曾有過共同方向。每一所實驗室，運作上就像個獨立的封邑，由精通診斷試驗但對經營企業卻所知不多的實驗長所領導。舊公司連盟持續興旺，而公司整體卻在痛苦掙扎。總部所下過來的決策，不是被質疑責怪就是完全忽略。

「在這裡，很難找到有什麼事是可以推得動的。」費里曼說道。「實驗室業務在運作上一直是非常獨立，而且他們還養成了一些壞習慣，也許他們覺得可以僥倖沒事。從過去的歷史來看，公司的權力掌握在每所實驗室的總經理手中。業務歸他們管、作業歸他們管、藥材歸他們管、所有的事都歸他們管。他們是康寧臨床實驗室的國王和女王。

「這家公司只關心最後損益數字。以前的管理人員基本上會這樣說：『這樣吧，如果你幫我把營業利益率弄到百分之二十，而且達到你的預算，我就不會來煩你，你也不會聽到我來煩你的聲音。』而公司裡頭許多人從來沒聽過，也不想去聽管理人員的意見。

「不論什麼事情，實驗長都可以決定便宜行事，包括產業法令。他們認為：『聯邦醫療保險法關於醫療給付的規定有五萬頁；他們不可能要求我們照著做。』結果：公司因為觸犯聯邦醫療保險法之詐欺和濫用條款，而面臨鉅額罰款……更別提那些花了上千萬美元去註銷的事了。」

母公司康寧公司很快地就認為，不應該和這家誠信出問題的公司有任何瓜葛，開始為康寧臨床實驗室尋求買主。

最後，康寧公司決定將其分割出去，在一九九六年底之前出售給股東。「像垃圾一樣地把我們丟掉。」費里曼觀察道，他決定放棄「來回票」繼續領導這家分割出來的公司。他發現新事業是「產業大有問題，公司大有問題，股東不要我們，客戶不想和我們打交道，員工不想在這裡工作……而且主管機關也認爲我們是騙子。」

在上述不利環境之下，探索診斷公司（Quest Diagnostics）於一九九七年初成立了。許多華爾街的人認爲新公司撐不了一年。「沒有人要來這家公司。」費里曼回憶說：「康寧公司的同事曾經這樣問我：『費里曼，你是犯了什麼錯嗎？爲什麼會被派去管實驗室業務呢？』」

費里曼並未因此放棄，他把探索診斷公司，看成是再造康寧臨床實驗室不良DNA的機會。一九九九年初，他聘請醫療產業界的老將，蘇利耶・默哈帕特拉博士（PhD. Surya Mohapatra）來幫忙，擔任董事長兼執行長，他計劃將公司大大小小的事，徹底改革，希望公司能夠志大氣高，目標遠大，成爲臨床實驗產業的龍頭。他短期所強調的焦點是：執行和成效。費里曼簡潔的說：「策略也許很有趣，但是執行才能帶來成效。」

探索診斷誕生之處，是在典型時停時進型企業的灰燼之中：一個五花八門的獨立實驗室大雜燴，管理鬆散，監控不良，公司裡充滿了倒行逆施的行爲，以致造成母公司財務上和信譽上的重大損失。

這家公司原本的條件很好，有數千名的科學家和技術人員，才氣縱橫，腦筋裡充滿了創意和計劃，可以說是萬事具備，只欠目標以團結一致。不料，光是欠缺目標以團結一致這點，卻讓康寧臨床實驗室的下場淒涼，能量揮霍殆盡，市場聲譽蕩然無存，最後，還招致政府之調查。

止血：共同焦點

費里曼爲了修正康寧臨床實驗室的問題，並且規劃探索診斷公司的新方向，他把高階團隊（新公司裡最資深的七十人）集合起來，以價值爲基礎之「焦點文件」，展示八項成功關鍵因素（詳圖4・1），改革工作，於焉展開。

不用說，這些遠大目標可不是輕輕鬆鬆就可以達成。例如，資訊系統開始標準化之後，區域性實驗室在各自原有系統裡，所辛苦建立的量身訂作功能，往往因此而喪失了。對於實驗室的人來說，實在是令人難以接受，因爲公司所考量的利益，和他們日常工作之所需，似乎相隔太遠了。

圖4・1—探索診斷公司復甦計畫

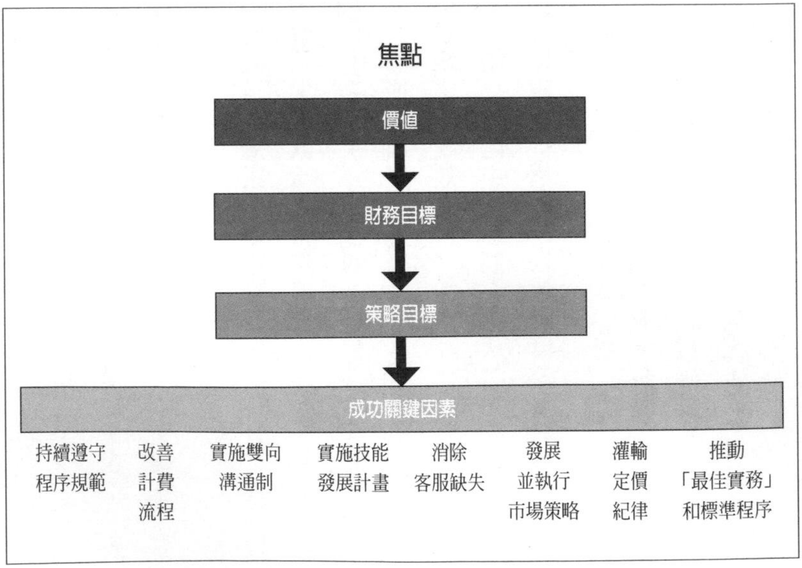

費里曼花了很多時間來推動他所宣布的事情，他親自到各實驗室參加員工大會，面對面向他們說明改革計劃。

就像費里曼所說的：「如果你眞的想改造企業DNA（我是指眞的改造），一開始你就必須把一些基本原則非常清楚地設定好。就領導而言，這段時間很重要。執行長必須強調說：『各位，我是新來的執行長，而這些呢，是我所重視的價值。我知道這些價值也許和各位以前的不同，不過在這裡，這些價值將是我們的生活準則，讓我說明如下。還有，從今以後，你們會不停的聽到這些，直到我死掉。』

「你每一天都必須去強調這些訊息和價値，因爲要改變行爲，不是一次就可以搞定的。你必須永遠重複下去，必須做到，員工碰到你會這樣說：『這個藍襯衫的小子又來了。我知道，他又要來談那套價值了；我知道，他要說的是，從改善公司績效的角度，談行爲和成果的重要性；我知道，他要告訴我說他尊重我；我知道，他會去評量我的工作；我知道，他會去調查我的感受；我知道，有事可以去找他……不論在公司或外面。』這就是領導……不厭其煩，當面向員工清楚地說明你要他們遵行的原則。」

經過不斷的溝通，一旦每個人都有了共識，那麼，費里曼和他的小組，就可以準備開始進行修理企業DNA這項困難工作（四項構成區塊都要修），好讓探索診斷公司可以將八大目標，全部執行。

決策權(1)：總部重掌大權

很清楚地，由中央重掌各種作業之大權，是挽救公司獲利能力的第一步。通常，問題企業必須把決策權進一步下放到各單位。然而，時停時進型企業，一般來說，卻必須將大權抓緊（至少暫時如此），而這正是費里曼所做的。他把決策權整合、集中在一個高階小組手中。

費里曼觀察道：「有趣的是，決策權有兩種方式。剛到康寧臨床實驗室時，因爲公司處於起死回生狀況，所以決策權變得非常明確，我說：『我來作決定。』他們別無選擇，只好帶頭去改革，我要等到績效上來了，才能讓他們把決策權拿回去。」資深管理人員很快地介入並負起公司重大事務（以及不少的小事）之決策責任。

過去只要達成獲利目標，誰都可以不甩的實驗室經理，惟恐權力遭到「篡奪」而負嵎頑抗，可是，成果是大家有目共睹的。一九九六，費里曼剛到之後那年，公司虧損六億二千六百萬美元，到了二〇〇一年結束前，已經獲利一億六千二百萬美元。在這段期間，探索診斷公司股價上漲了百分之九百一十四，相當驚人。

資訊：撬開黑盒子

「我們必須在資訊上作投資。」費里曼總結道：「我們得花大把的鈔票在資訊工程上。」把全公司的計費流程整合起來乃是當務之急，從九〇年代中期開始，計費流程就一直是個「黑箱」作業，高階主管沒人敢去碰。「各單位有自己的計費管理員負責各單位的計費事宜。計費管理員之間沒有連絡交流，因而，既沒有公認最好的計費流程，也沒有共同指標。所以，如果我們問『你的DSO（日銷售餘額，days sales outstanding）是多少？』」費里曼回憶道：「可能一個會說是五十，另一個說是九十，因爲他們的會計方法不同……對公司來說，這可是一件很可怕的事。所以我們必須把適當的定義和指標弄成一致。

「計劃推行的第一天，我們就直接要求這些計費人員，說：『注意，就是這幾個指標。我不管你們過去怎麼衡量。從現在開始就用這幾個指標。還有，每個月我們都會和各單位的計費管理員電話連繫，討論計費事宜，讓他們互相交換一下意見。』這就是我們的作法，推動指標標準化、各單位比較，以及強制溝通。」

激勵機制：目標分享

費里曼和默哈帕特拉，不只是把探索診斷的一系列指標搞定而已，他們還設了一些目標以便獎勵達成目標的員工。公司推動一項名爲「目標分享」的計劃，只要員工達成目標，不論是在財務數字上或非財務數字上（例如：客戶滿意度、檢驗時間、服務品質等），都能獲得最高可達年薪百分之六的獎金。爲了化解員工排斥心理，鼓勵他們爲整個探索診斷公司努力，而不再畫地自限，只管個別實驗室，公司將百分之二十五的獎金和企業整體績效的目標綁在一起。

一九九七年，公司自母公司獨立出來之時，每位員工分到了二十五股探索診斷公司所發行的新股。「雖然拿來當小孩子的教育經費還不夠，但足以讓員工把注意焦點放在當前的任務上。」費里曼補充說道。

並不是所有的激勵因素都只能用金錢來衡量。關於探索診斷公司對員工的最大激勵機制，費里曼這樣描述：「是臨床實驗的感性使命。讓員工知道（尤其是當他們在處理檢體時），那代表著生命。這可不是在煎漢堡，是吧？有個人正在等著檢驗結果，而這個人可能就是他們的父母。也可能是他們的小孩……或家屬。這很重要。」

決策權(2)：提案，確認，決定，執行

探索診斷公司上軌道之後，又併購了兩家主要競爭公司的其中一家，史克美占臨床實驗室（SmithKline Beecham Clinical Laboratories），以鞏固其領導地位。探索診斷公司在併購之後，整合成功，於是進入了一個新階段。該公司已經證明，有能力進行重大的組織調整，並且可以迅速因應市場發展趨勢。該公司現在還擁有一組深入而負責的管理團隊。現在該是鬆手，重新分配決策權的時候了。

二〇〇四年，蘇利耶．默哈帕特拉成爲董事長兼執行長，他形容早期的決策方式好像是在「巡迴問診」。決策者往往要頑強地「爭論、決定、爭論、反對……」，如今決策過程已經明定爲：提案、確認、決定，和執行（詳圖4・2）。員工提出建議，收集相關專家意見（包

圖 4・2—單點決策：提案、確認、決定，和執行

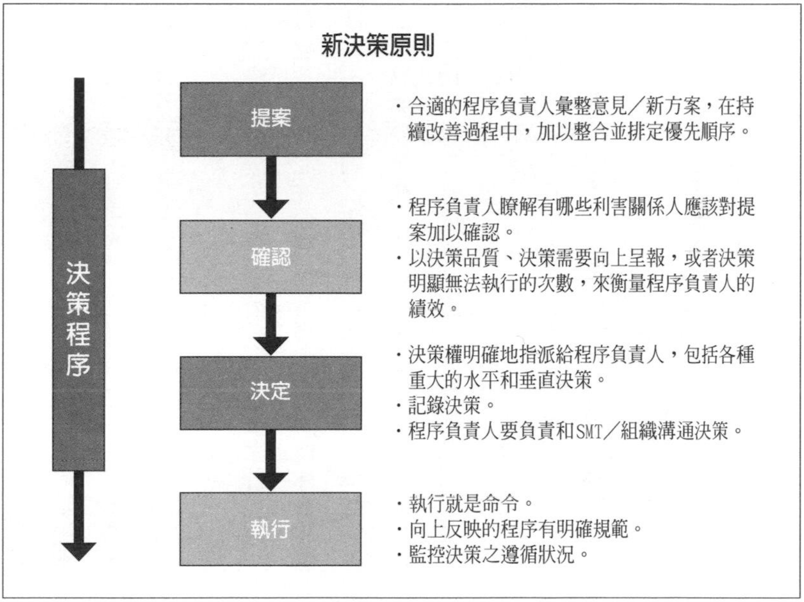
新決策原則
決策程序
提案
・合適的程序負責人彙整意見／新方案，在持續改善過程中，加以整合並排定優先順序。
確認
・程序負責人瞭解有哪些利害關係人應該對提案加以確認。
・以決策品質、決策需要向上呈報，或者決策明顯無法執行的次數，來衡量程序負責人的績效。
決定
・決策權明確地指派給程序負責人，包括各種重大的水平和垂直決策。
・記錄決策。
・程序負責人要負責和SMT／組織溝通決策。
執行
・執行就是命令。
・向上反映的程序有明確規範。
・監控決策之遵循狀況。

括批評），然後將建議案提請高階主管決定。一旦決策成立，就強制執行，並嚴密監控。

默哈帕特拉舉了一個實際例子來說明：「就拿泰特波羅實驗室來說吧。泰特波羅目前每晚要處理六萬個檢體。好消息是我們可以處理六萬個檢體。壞消息是，如果出錯了怎麼辦？那麼該由誰來提案，以決定我們眞的需要把實驗室一分爲二？在本案，那個人就是我。

「但是，由我來提案並不表示就一定要照著做，這點，正是大家對這新決策藝術不清楚的地方。我的提案進行到『確認』階段，我經常用『殘酷對話』來形容這個階段。哪些人來確認呢？就是那些和

決策有重大利害關係的人（例如區副總、業務副總、實驗室經理等，照理說，他們可能支持，也可能反對我的提案，不過，大家好像搞不清楚提案和確認的步驟）。他們眞的很想跳過確認，直接到第三階段，『決定』。而這就是問題之所在，因爲，在還沒得到利害相關部門的意見之前，就不能決定。未經確認，就不該決定。這表示你要刻意去要找一群人，他們的意見正反都有。」

一旦決定之後，全案會指派給「程序負責人」。程序負責人的角色是將決策作橫向推動……跨越各個功能性部門以及事業單位。探索診斷公司，因爲賦予了這些人跨功能、跨組織的責任，不僅推動了決策，而且還培養了這些人橫向合作的技巧、熟諳點對點程序、並且精明幹練，協助公司在作決策時，拿捏變通。而且，因爲程序負責人瞭解到他們必須在能力範圍內，對決策執行負成敗之責，因而培養出責任感。

組織架構：縱橫交貫

最後，默哈帕特拉刪除了兩個層級，把組織合理化。新組織圖，含執行長在內，一共只有四個管理層級。探索診斷公司以前有四大決策機構，如今只剩下一個，由高階管理小組和十五位橫向程序負責人所組成，他們所「負責」的程序，跨越功能性部門和事業單位。組織架構上的另一個重大變革是，成立嶄新的前線論壇（Front Line Forum），成員如其名，來自於和客戶接觸的前線人員，可以提供客戶服務經驗，作爲相關決策之參考。

探索診斷公司：後記

探索診斷公司，由其命運坎坷的前身，康寧臨床實驗室開始，歷經戲劇性的起死回生過程，到拔地而起，成爲業界龍頭，寫下了企業史上輝煌的一頁。由肯尼・費里曼和蘇利耶・默哈帕特拉所共同領導的團隊，已經成功地將問題叢生的時停時進型實驗室，轉化爲勝劵在握的韌力調節型企業。這五年來，到二〇〇四年爲止，探索診斷公司累計的股東報酬率高達百分之五百三十。

今天，探索診斷公司的實驗室和病患服務中心遍及全美，每年服務一億四千萬人次，營業額高達五十億美元，居同業之冠。該公司在臨床試驗產業之市場占有率爲百分之十二，擁有三萬八千名盡職的員工，成爲產業領導者，無庸置疑。原先，費里曼只是短期調派，卻一做就做了將近十年；之後，他先將執行長之大權正式交棒給親手提拔的繼任者，蘇利耶・默哈帕特拉，最後，在二〇〇四年，也將董事長大位讓賢給他。

默哈帕特拉的遠見：「堅持以病患、成長，和人群爲重點」這三大中心理念，已在公司裡留下了不可磨滅的影響。他並不以探索診斷公司的卓越成就而自滿、鬆懈，而是以「挑戰未來」作爲公司願景，不讓公司沉迷於「光榮的過去」。

默哈帕特拉說：「我們有兩萬家病患服務中心。我們稱之爲麥奎斯（McQuest's）。他們必須對每年四千萬個走進中心裡的人提供（每次都）相同的服務。我們一個晚上會收到五十萬個病患檢體。那代表隔天會有五十萬個家庭在等待他們親人的檢查結果。那是個驚人的社會責任；我們無法承擔一丁點的錯誤。」事實上，正如默哈帕特拉很喜歡提到的，從企業的角度來看，探索診斷公司已經同時是零售商、後勤公司、銀行，和醫療供應商。但絕對不會是時停時進型企業。該公司如今已是體質健全的韌力調節型企業了。

時停時進型企業：處方

如果你對上述這些症狀很熟悉，我們有好消息……還有壞消息要告訴你。好消息是，大多數時停時進型企業人才濟濟，只要整合這些才能，推動必要方案，就可以得到穩定的勝利果實。壞消息是，這些事情，如果沒有企業的高階管理團隊直接而嚴格的介入，不會成功；高階管理團隊他們也許必須暫時將控制權集中一段時間，才能讓績效反轉而上。

高階切忌旁觀而不作決策

在限制範圍內讓基層人員的聰明才智自由發揮，有其道理。但是時停時進型企業卻忘了設置這個限制範圍；高階經理人成了旁觀者，他們應該在活動監控、紛爭協調，和資源配置上扮演更積極的角色。許多成就頗高的新興企業，就是在這個角色轉換上受困。這種公司因爲人才濟濟，所以傾向於讓他們自由發揮，不受限制；但是因爲公司上面沒有強力的指導方向，下面又缺乏共同的價值基礎，事業單位往往只選擇自身利益最大的決策，而無視於公司整體利益。

不像其他「不健康」的企業必須把決策權下放，時停時進型企業通常應該把大權鞏固於領導中心，至少，應該暫時如此。在極端的情形之下，時停時進型企業的執行長會插手進來，把決策權集於中央，以重掌控制權並取得關鍵資訊，讓公司不再失血。對於公司大小決策，他或她會一一親自核決，直到公司的基礎回穩。

◎

還記得優勢廣告的琳達嗎？對於公司以前所犯的錯誤以及在上蠟簡報時的缺失，其實她都有能力和經驗來點出問題，並加以改善，可是她卻沒有這麼做。公司請她來的目的就是要提供客戶端的見解並提升在甄選案的競爭實力，而她卻袖手旁觀。她並沒有從場外跨進來，事先訓練簡報小組，或至少事後幫忙檢討改進。

她本來可以在簡報的前一天把小組集合起來，幫成員排除掉不必要的後勤工作，逐一聽取並瞭解客戶研究資料和（或）對話內容，不只是把簡報內容和書面資料整合一致，還要把整個小組的意見加以統一。她還可以打電話到羅布和雷的旅館房間，要他們趕快過來和小組開會……或者堅持要早點出發到客戶那裡，以免遲到。

這些都只是一些小缺失，如果改善了，結果也許就讓他們贏得這個五百萬美元的案子。而最重要的改進事項是，向雷簡報她所作的客戶利潤分析。條理分明的邏輯，可以促使雷去注意那些讓公司賠錢去服務的客戶，或者重談合約，或者乾脆不做。

發展標準作業模式

時停時進型企業必須建立統一的標準作業模式，才能改善雜亂無章、缺乏協調的特性。企業領導人必須爲整個公司建立並落實一套標準要求，以及標準作業系統和程序。例如，優勢廣告正好就需要建立一套標準程序以處理客戶簡報要求（RFP, requests-for-proposal）和客戶利潤分析，或計算客戶成本效益的標準方法。而且，時停時進型企業必須確認這些標準已經書面化，並且有效地和所有員工溝通。然後，爲了讓員工眞正採行新程序，獎勵誘因在整個過程中，要能對行爲加以鼓勵和獎賞。

◎

琳達如果想讓公司的目標獲得更大認同，或共識，她可以找雷商量，把所有員工找來，共同尋求優勢廣告的願景和價值。詢問他們「我們的競爭優勢是什麼？」和「我們想找哪一些客戶？」這類問題，就足以調整公司的焦點。

在這個基礎之上，優勢廣告可以用共同語言和期望分享來打造一個更親密的企業文化。如果沒有這種統一架構，優勢廣告的優秀員工和資源便難以轉化成實際效益。團隊運作、卓越服務，和責任感，顯然只是腦中的價值或目標。

既然優勢廣告的環境，很清楚地，提倡主動精神，琳達應該抓住這個特性，建立一致性政策，並在各個不同單位中，推行最佳實務。身爲企業的執行合夥人——即營運長，事實上，她應該在各個辦事處裡找出專業團隊，發展公司整體的行銷、業務，和客戶服務模式。此外，她還應該去思考如何籌組跨部門小組，以提供最佳服務，並把這個想法（即期望）落實爲制度。

明確分配責任

由於時停時進型企業的決策權模糊不清，再加上新官上任的經理人往往傾向於埋首在舊工作，不能提升層次以承擔新責任，因此，把公司上上下下的決策權徹底釐清，乃是當務之急。各層級員工都要瞭解自己責任，而且，這些責任必須要對企業整體目標和績效有所助益。目標和責任之間需要溝通和瞭解，並輔以各種適當的激勵機制，包括財務上或非財務上的激勵。

◎

琳達其實就是釐清公司內部責任的最佳人選，因爲她當初被挖來優勢廣告就是要改善客戶關係和掌握客戶。例如，她可以建議公司針對國內的精選客戶，指定客戶服務總監人員。這些總監要維繫客戶關係，扮演客戶的聯絡官，負責所有的媒體企畫、策略，和執行。最重要的是，他們還要負責客戶利潤貢獻度。這些總監「掌管」客戶。不能漏接，也不能誤傳。

琳達可以幫雷引進正式而一致的績效考核辦法，特別是針對資深專業人員，以強化其責任感，並且讓優勢廣告的升遷獎賞更「專業」（到目前為止，都是由雷一人，依其個人對員工的印象分數，來決定升遷和獎金）。也許可以在每年年初，設置一套績效「條約」，由雷和整個高階團隊來負責考核。到了要決定升遷和獎金時，就可依照這份意見一致的考核來斟酌。

路標設立清楚

時停時進型企業比其他類型企業還需要清楚的願景和集中的目標，以凝聚員工並指引方向。由於事業單位追求的是各自的目標和利潤，不是整體利益，高階主管要花非常多的時間和精力來建立公司的策略計畫以及執行藍圖，並加以溝通。企業總部也要嚴謹地設定一整套關鍵指標，密切監控，不能讓各單位自行其是。每位現場員工都應該要知道公司的方向，並且瞭解公司的要求。還有，時停時進型企業要有一套健全的資訊系統，隨時告知各單位員工，公司的策略變動、變動理由，和對員工工作所造成之影響。

◎

關於優勢廣告的企業目標，琳達還應該把哪些是明確而可以量化的找出來。她早就應該和雷一起努力，把獲利能力和業務分散這類的特別目標制定出來，例如，設定未來三年的營收和盈餘目標，或決定一流公司占整體業務的比重。

另一個優先處理的項目是協調四家遙遙相隔的辦事處。正如所料，辦事處都想要去開發同一個全國性客戶、發展各自的行銷文件，和追求各自的計劃。就公司整體來看，應該把這些混淆的訊息一一釐清，設立路標。

很明顯地（雖然她才來公司不久），在廣告業務上，辦事處各有各的獨特專長。洛杉磯的創意經常獲獎、底特律有深厚的研究實力，而亞特蘭大則以客戶關係見長，爭取到許多業務。爲什麼不將這些辦事處設定爲公司的卓越中心，並且將辦事處的員工輪調至各中心？這樣做，一則可以散播最佳實務，一則可以培養員工全方位的能力。另外也可以發展全國性團隊，針對重要領域建立一套作業標準和衡量指標。

琳達還可以把每個甄試案獲選或落選的理由整理出來，以掌握最佳實務的資訊。

獎勵集體合作

如何整合各事業單位的各種活動，讓公司達成最佳績效，是時停時進型企業的一大挑戰。同樣的，這項處方也需要公司高層的強力主導……以及公司內部能夠作良好的溝通。公司通常需要設立一個整體性的獎金，並制度化，以培養功能性部門和事業單位間的協調合作，集體合作才得以推行。企業要去評估集體合作的情形，並且和獎勵連結起來，向員工釋出重要訊息——不是「做這個，我就給你錢」而是「就企業的立場而言，這是我們所鼓勵和支持的」。

◎

琳達可以在獎勵集體合作上有所作爲。她所作的分析已經顯示，部分獲利貢獻較高的客戶，是由好幾個辦事處在服務。這些客戶已經知道優勢廣告各辦事處的專長，所以他們分別取其專業之處。優勢廣告必須幫客戶做這項「整合」工作，把各辦事處的專長彙集起來提供服務，才能趁勢坐大。琳達應該考慮把獎金誘因和公司整體績效綁在一起，而不只是考慮個人或個別辦事處的績效，才能鼓勵這樣的集體合作案。升遷和考核的審核標準，也應該考慮員工對最佳實務的瞭解能力和分享情形，不管是自己辦事處的最佳實務或是全公司的最佳實務。

◎

時停時進型企業的復甦之路，漫長而艱巨。拯救行動如果不能面對現實，只做一些表面工夫，則必敗無疑。高階主管必須發奮圖強以掌握企業統治權，並建立共同、一致的程序和系統。事業單位必須把控制權交出來（直到公司發展方向可以矯正回來），並配合總部的整合工作，而整合項目，則還是一樣，包括企業決策權、資訊流、激勵機制，和組織架構。一旦整合完成，則時停時進型企業必將大展鴻圖。

5

腦神經斷線

過度膨脹型企業：思想守舊，創新不足

當組織已經膨脹到總部核心無法遙控時，
這種「過度膨脹型」企業馬上要面臨
資訊四散、錯失良機的危險。
外界發生什麼變化，總部一概不知。
若不趕緊適度授權，
各項作業的執行力與應變彈性，將隨風逝去。
這種情形，特別容易發生在
由創辦人及其家族所掌控的大型企業。

從字面上看，「過度膨脹型」企業，過度擴充，遠超過其原始的組織模式，臃腫不堪。這種企業因為太龐大，也太複雜，以致再也無法讓一小組的高階經理人來有效掌控，因此必須將決策機構「民主化」。結果，企業的許多潛能無法發揮。這種企業由於身軀龐大，權力卻集中於核心，往往對市場變動情形，反應遲鈍，無法得心應手。如果你是這種組織的中級主管，即使發覺不錯商機，你的意見卻很難上達天聽。由上而下的決策體系，是這種組織的老傳統，根深柢固，積習難改。

當這種企業規模還小，不是那麼複雜時，其運作模式非常成功，但如今，其組織規模和傑出員工的職階薪俸，已成長到非常驚人的地步。諷刺的是，這種不健康的組織型態，是其早期成功的自然產物，許多高成長公司很容易就掉入這個陷阱。其症狀值得你好好留意，才會曉得要避開哪些誘惑。

嘉吉企業

嘉吉企業（Cargill Incorporated），年營業額超過六百億美元，極可能是世界上最大的未上市公司。

嘉吉企業為橫跨農產、食品、工業，和金融商品產業的生產、運送，和銷售的領導廠商，並以穀物交易聞名於世。一八八六年，W．W．嘉吉於美國愛荷華州的肯諾佛（Conover），以一間穀倉設立公司，其後，他和幾個兄弟以及麥克米蘭（MacMillian）家族在二十世紀期間，逐步擴大，成爲農產和食品業的龍頭，以及全球商品交易的領導廠商。

到現在，嘉吉和麥克米蘭兩個家族大約持有該公司百分之八十九以上的股權，並且是董事會的積極成員。一百四十年來，除了最近的二十六年之外，公司一直是由他們在經營，並擔任執行長。南北戰爭之後，W．W．嘉吉來到美國拓荒邊境，從此之後，變化相當大。每隔幾年，該公司的組織就會膨脹，超過一定程度，而必須加以調整。在此，我們以最近的例子來說明嘉吉企業如何瞭解並掌握「過度膨脹」的跡象。

「當我們在一九九八年研究嘉吉所處的世界時，我們可以看到腳下所踩著的這塊土地，正在發生根本上的變動。」策略及事業發展部副總，吉姆．黑梅克（Jim Haymaker）回憶道。「我們的最大客戶，消費商品製造商、零售商，和主要的食品服務公司，很清楚地，正在變大，並整合成一股力量。美國穀物相關農業政策漸漸轉向保護主義，全球發生了數起動亂，此起彼落，日漸紛亂。孟山都（譯註：Monsanto，美國著名植物基因改造公司，位於密蘇里州）和杜邦企圖以其新開發的基因改造技術，改變整個農產食品系統。而矽谷的『新經濟』現象正大放異采。小而敏捷的競爭者，正在啃食我們所定位的市場外緣。看起來，似乎規模，單純規模經濟的企業模式，力量已大不如前了。」

嘉吉企業花了數十年，建立出一套深長的全球供應鏈組織，而此套供應鏈的關鍵在於轉運站和轉運效率。這點，正是規模和幅員可以不斷擴大的原因。嘉吉在處理大宗物資這類差異不大的商品上，以規模和效率見長。特別是後勤作業和系統內部的價格風險控制上，更是成就非凡。如今，高科技產業以及其他生命週期甚短產業所面臨的科技問題，轉眼已經兵臨城下了。

雖然公司所有的人都能察覺到威脅不斷上升，然而此時，嘉吉的企業DNA，卻讓反應能力受到牽制，不夠快速果決。吉姆·黑梅克對此情況總結道：「當時的嘉吉是哪種企業呢？首先也最明顯的，是家族企業。我要從這點開始談，因爲這是公司最明顯的企業文化。嘉吉採終身雇用制，你一旦進來了，就可以幹一輩子。前執行長惠尼·麥克米蘭（Whitney MacMillan），過去很努力地強調幾個重點。第一點是維護嘉吉誠信交易的招牌。另外一點則是營造一個大家庭環境（雖然我們來自於不同的文化、國家，和背景），讓每個人都覺得自己是嘉吉家庭的一份子。」

這種大家長的管理模式，一個半世紀以來，很合適嘉吉（事實上也非常有效）。這種模式培養出不可思議的企業忠誠度，並灌輸員工強烈的道德操守。「但是，當我們檢視一九九八年所處的環境時，發現我們變成了內視型企業。」黑梅克回憶道。「而當企業家精神、機敏行動，和策略週期短絀的新模式來到眼前時，我們的傳統優勢便開始鬆動了。」

當時，嘉吉企業的組織是一種三度空間矩陣。從地理區域、產品線，和功能別來看，重複的組織，在嘉吉企業裡比比皆是。多維的管理矩陣，讓管理人員在制定決策時，必須向三大團體報告：他們的作業區域（例如，拉丁美洲、亞洲）、他們的作業功能（例如，財務、法務），和他們所代表的產品線（例如，可可、玉米廠）。這樣的組織架構拖長了決策過程，也拖垮了企業的反應能力。太多的人在負責太多的事。

還有，公司的高階主管花太多時間在管理個別事業單位，而不是去治理日益複雜的企業。黑梅克提到：「大家開始認爲，我們應該把更多的決策單位，放在接近作業現場之處，而不是傳統階層制度所核定的位置，至少不是我們現在的方式。」

嘉吉的運作模式在過去非常成功，如今逐漸變得臃腫不堪，過度膨脹。急遽變化的競爭環境、威脅日近的新科技、再配上該公司全球化快速擴張，正不斷地侵襲這家公司簡陋、封閉，而可怕的家族管理方式。

就這家農產事業巨人的定位而言，雖然家庭和誠信兩大價值的重要性依然如故，建立一套更廣大的價值基礎和原則，卻是決策指導和公司治理所不可或缺的。公司必須有更明確的要求、更嚴謹的程序，將整套新管理系統和程序制度化，才能釋出更多的決策、分派更多的任務，以及讓公司裡潛藏已久的企業家精神發揮出來。公司還需要一個更具彈性、更爲透明的組織架構。

因此，一九九八年夏季（在董事會的敦促下），當時的執行長，厄尼·米謝克（Ernie Micek）組織了「策略性企圖小組」。其任務是：以「重生再造」的眼光來面對未來（看到十二年後之二〇一〇年），爲嘉吉進行準備工作。

◎

一九九〇年代晚期，嘉吉企業還不算是過度膨脹型企業，但已漸漸出現一些（而不是全部）早期症狀。幸好該公司在問題擴大，影響績效之前，有足夠的自知之明，及早診斷。

過度膨脹型企業，典型上是由企業早期（一度成功）的組織模式過度發展而成。通常，這類企業爲家族事業或新設公司，因爲發展超越了適當規模；或是購併數家組織特性不同的公司，整合不當所造成。

在其早期，或「草創階段」，誰做什麼事、誰該負責，一切都很明白。這種模式運作良好，但也僅只於此。隨著企業的成長，組織的極限也就日漸明顯，緊張現象開始出現。雖然每個人都看得到問題，就是沒人要去做那個告訴當權者的人（而每個人也都知道「當權者」是誰）。

過度膨脹型企業，運作上傾向於由上而下；大多數決策由一小群非常資深的經理人所制定。可是這些決策的相關資訊，卻放在組織裡其他地方，通常在作業現場。因爲太多資訊沒辦法一路由下而上，傳到決策高層，決策所參考的資訊因而不足，甚至少得可憐。同時，工作人員則會感到沮喪，因爲他們每次所接獲的總部決策，無法符合客戶需要或解決事業單位的問題。

過度膨脹型：症狀

過度膨脹型企業的症狀不可能弄錯。只要看一眼組織系統圖，你大概就可以知道一家公司是否過度膨脹，超越了組織模式。茲將其症狀跡象詳述如後：

不靈光的遠端遙控

中央集權、由上而下的管理架構，但是光憑這點，並不足以讓過度膨脹型企業運作不良——畢竟，「健康」的軍隊型企業也是充滿了「命令並控制」的管理模式。其實，中央集權式管理，加上四處分散的資訊，才是阻礙組織之原因。重要的客戶資訊和見解，無法上達決策高層。反而，這些資訊閒置在門市部、業務單位，或客服中心，對這些單位而言，這些資訊毫無用處。結果可想而知。企業對同業競爭情形反應遲鈍。即使有所反應，通常也是錯失良機，得到反效果。在公司草創初期，幾個高層主管可以在房間裡互相叫罵，或是在大廳裡散步分享智慧，通常，這些都是他們甜美的回憶。只是，他們依然不甘就此放手，而且，事實上，他們還持續去巡視作業現場和拜訪客戶，以維持以往的親切精神。但他們再也沒有能力以那種方式來管理公司了。如今，企業在太多的地區，對太多的客戶，提供了太多的產品、服務，和技術。

◎

一百三十年來，嘉吉企業以家族經營方式，成長茁壯。「過去，你隨時可以在五分鐘之內召開董事會。」吉姆．黑梅克回憶道。那時沒有外部董事。高階團隊和董事家族成員都在公司的總部大樓工作，所以隨時就可以集合起來。那是一個封閉的環境，而重要決策所需的資訊，大部分就在房間裡頭。

然而，隨著嘉吉的業務擴展到全世界，公司已經複雜到再也無法用這種方式來管理了。隨著產品線增加，系統和經營模式也必須跟著增加才能提供支援。「我們已經發現，公司裡出現了門戶主義，還有各種不同的系統快速地擴散開來。」黑梅克說道。同時，客戶需求變得越來越複雜。例如，購買嘉吉動物飼料的客戶，現在也會要求提供產品營養成分的資訊。

從公司治理的角度來看，其意涵已經逐漸明顯。嘉吉再也無法以這個中央集權，遠端管理的方式，來達到明快的執行力，提升作業彈性，滿足客戶日益增加的需求。董事會和高階管理團隊再也不可能去參與每項決策。釋出權力，正是時候。

◎

一九九二年，大衛・莫瑞（David Murray）進入澳洲聯邦銀行（Commonwealth Bank of Australia）擔任執行長，他所接手的是一家典型過度膨脹型企業。該行才經過部分的民營化，但是，即便如此，本質上仍是國營企業。這家銀行，一直以來都有龐大的工會組織，和講究輩份的企業文化。其作業程序，在某些領域，已經落後市場實務達十五年之多。

「在本行，除非執行董事說話，否則不會有任何人有任何動作。」莫瑞回憶道。在政府出資以及嚴格的法令限制之下，業務一直受到保護，直到十年前才開放競爭，因此該行員工有非常高的忠誠度和榮譽感。在分行，因爲澳洲聯邦銀行一直是市場龍頭，員工可以活在自己的世界裡。

「我們沒有眞正的組織模式或規劃，而且談到高度政治環境：我們的內部人事程序受到百樂門法案（Act of Parliament）規範。」

如果你受百樂門法案規範——公司的員額都有明文規定（即法律基礎），升遷和懲處也有一定的提報程序，而且員工有強大的工會組織——則你所擁有的組織是：雖然員工盡力想把事情做好，就是沒有一套系統，包括領導方式，可以讓企業動起來。

分行員工只管執行他們的例行工作，朝九晚五。他們不論是接獲什麼情報，或是注意到某個部位缺口，都不會上報，因爲沒有正式或非正式的機制，來將資訊呈報給層峰作決策。結果，雪梨的金融人員，對於整體的業務模式或趨勢，幾乎沒有概念。

「在總部裡有一則笑話，如果你想去昆士蘭或維多利亞拜訪當地的州經理，你應該先去辦簽證，因爲你將要踏入外國領土。」莫瑞說道。資訊既無法往上傳，也無法傳給其他單位；資訊既不知道要傳到哪裡，也沒有傳遞的方法。例如，業務或服務問題沒有日報表或週報表，協同銷售沒有教育訓練。總之，員工的責任範圍，規範詳盡，不宜任意踰越。

創辦人的獨特作風

過度膨脹型企業通常由傳奇性的創辦人，或其家人和門徒，高高在上地經營管理。他們心血換來的股權，在公司裡頭，總是遠比其他人的持股更有價值，這點毫不令人意外。這些人和公司的形象、聲譽，密不可分。公司裡裡外外的人，事情不論大小，都要注意他們的一舉一動，靜候指示，因此，通常公司的執行步調，緩如牛步，員工也深知，任何行動，都會受到審查，而妄下決策，必遭責難。過度膨脹型企業一般來說，沒有層層疊疊的決策單位，因此，由誰來下決策，十分清楚；決策者崇高如神。在企業的每個角落裡，大家談的是「山姆」或「麥可」或「比爾」的想法。一家擁有五萬名員工的公司，也許會有三百個「比爾」，但是大家都知道，誰才是那個「比爾」。

◎

從一九八〇年代到九〇年代，比爾蓋茲親自監管微軟的每一項事務。他不只是規劃公司發展藍圖，還親自協調管制公司裡上萬個專案和程式。他每隔兩週會召開著名的「比爾會議」，會前，上打的專案小組所作的百來份進度報告，他一一詳閱；會中，則嚴詞質問員工的工作計劃和進度。比爾會議讓員工感到驚駭萬分，以致與會小組在簡報之前，要找人來扮演比爾的質問角色，反覆演練。據一位軟體開發人員說：「目的已經變成讓比爾喜歡你所做出來的東西了。」

◎

蘿拉愛胥莉公司（Laura Ashley）所銷售的印花女裝和印花家飾，具有英國鄉村羅曼蒂克風格，數十年來贏得消費者的熱愛和共鳴。蘿拉和其夫婿，伯納德（Bernard）創造了垂直整合的小型帝國以實現願景。一九五三年他們從倫敦公寓裡的一台網版印刷機開始，發展成在世界各地擁有五百多家門市的專業零售商。一九八五年蘿拉過世之前，她都一直謹守不列顛傳統價值來領導公司，在一九六〇年代，開放的迷你裙風潮流行時，她仍然堅持及膝的套裝，且拉風地掛個「威爾斯製」標籤。當其他服飾廠商將生產作業移往海外以節省成本時，她反對關掉她的英國廠。當女性時尚服飾轉向俐落專業風格時，她依然堅守其「地主紳士階級」樣式。伯納德繼承了她的遺產，在一九八五年公司股票上市時，仍然持有三分之二的股權。一九九〇年代，公司找了一些專業經理人進來提升公司的獲利能力，可是，伯納德和他們之間的鬥爭，簡直就像是一段史詩，結果讓公司高階辦公室的旋轉門，不停的有人進進出出，從一九九一年到一九九八年，陸續來過五位執行長。誠如一位離職的高階主管對伯納德·愛胥莉的看法：「他仍然認爲那是他的公司。」

「門路」越來越多

當高階主管在辦公室裡頭閉門造車，制定公司政策時，現場管理人員會想辦法來因應，直到例外變成了規則。這些「門路」是公司組織問題的領先指標。「門路」是爲了應付錯誤或不當程序和政策，情急生智之下的產物。例如，某位業務員也許會打電話給她總部的「朋友」，緊急取得報價，好讓她可以在當天就向客戶回報……而不是照正常程序，等一個禮拜。這就是一個典型的「門路」。往好處想，這些「法外特例」通常是員工積極主動，試圖提升公司效率以服務客戶的證明。

問題不在於門路本身，而是公司裡造成門路滋生的不當因素。這些一人獨享、非正式的例外作法不只是缺乏效率，還可能不公平，其他業務同仁可不能享受那位業務的好方法。另外一個問題是管理人員默許門路時所釋出來的訊息，尤其是當控制程序遭到忽略時。最後，門路會弱化公司的影響力或規模優勢。例如，如果事業單位找到門路自行採購用品，將削弱公司統一採購，以量議價的能力。

◎

澳洲聯邦銀行，他們甚至還為門路發明了一個專用術語，流行於分行系統。他們稱之為「未經許可富有效益的程序」(unauthorized productive process)，很巧妙，頗富創意地含蓋了「富有效益」的好處和「未經許可」的害處。未經許可富有效益的程序是國營事業和高度管制市場的傳統。當那些人認為規範失去作用時，門路就會產生出來以填補其空間，因為機靈的員工會在「法條之外」尋求更好、更有利的方法來經營其業務。但是，誠如大衛・莫瑞所承認：「再好的決策，如果不是由沙場老將所發動，可能也會滯礙難行。」當然，這些區域性做法違反協定，而且也沒有正式的程序或功能來推廣這些好主意和實務，所以「富有效益」的好處實在有限。事實上，我們認為，「未經許可富有效益的程序」弊多於利，對既有的政策和程序造成威脅，引起誤解，甚或引起基層反感。

丹維爾飲料公司

在過度膨脹型企業的深宮大院裡工作，會是什麼樣的感受呢？我們來看巴伯・克魯格的案例，他現年五十，在密西根大湍城一家軟性飲料製造及經銷商，丹維爾飲料公司（虛擬公司名）擔任總經理。丹維爾飲料公司是家族企業，一九四〇年代由唐・丹維爾所創立，然後傳給他的三個子女，小唐、伊麗莎白，和茱莉，公司目前由他們三人管理。小唐是執行長，而伊麗莎白和茱莉則擔任營運長，不過巴伯和公司裡的同事還是搞不清楚他們三人如何分配責任。巴伯在丹維爾公司十八年了，目前負責東區業務，範圍包括俄亥俄州、賓州，和紐約州，還有，他擔心自己在丹維爾公司的職場生涯恐怕已經走到盡頭了。巴伯和太太卡蘿在外面晚餐時，顯露出對公司最近情形的無力感。

「看起來我們可能會失去休息站便利商店這個客戶。」巴伯憂心忡忡的說道：「他們急需那些新口味的乳品，但是唐、伊麗莎白，和茱莉就是不肯投資，增加產能。成本大約是三十萬美元出頭，而且我估計不用三年就可以回收，但是他們連看一下數字都不肯。我已經等了他們六個月了。現在只能眼睜睜的看著一家三百萬美元的客戶跑掉。」

他的太太卡蘿問道：「難道你不能想個辦法……把其他地方的經費先挪過來用，或是其他這類的方法？」

「我的權限只到五萬美元，而且五萬要簽准，就像是在拔他們的牙似的。如果你不姓丹維爾，休想從那三個人的口袋裡掏出一毛錢。去年我還是靠著把採購單拆成好幾筆，才能改建我們那套包裝設備，但是我實在是沒辦法讓公司花三十萬啊。他們就是不覺得紐約市場值得投資。也許，我該走人了。」

皇帝沒穿衣服

在過度膨脹型企業，效率日益低落是個公開的秘密，在前線工作的人，特別有這個感覺。他們每天在和客戶、供應商，甚至於競爭廠商接觸時，都要面對這個可悲的事實。然而，即使這些資訊對前線人員來說，再明白不過了，要上傳到層峰卻極爲困難。大家只能私底下發發牢騷。沒幾個人願意去挑戰「羅馬皇帝」。雖然這樣做，對企業，是正確之事；但是對自己，則太危險了。

巴伯告訴卡蘿，丹維爾兄妹最近否決了他的建議，她同情的說：「我記得他們把你從P&A零售公司（虛擬公司名）挖來的時候，給了你各種事業上的承諾，還給你認股。怎麼搞的？現在他們簡直是把你當成打雜的了……然後還把你雙手反綁。其他的幾個總經理，他們是什麼感受呢？」

巴伯呻吟道：「他們都在同一艘船上，但沒人願意划。蓋瑞和米歇爾去年有個不錯的想法，打算辦個塞氏礦泉水的促銷案，但是他們連提都沒提。沒有誘因，何必把脖子伸那麼長？因此，我們只好每隔幾個月聚一次會，罵一罵丹維爾兄妹就是了。我還是裡頭唯一敢挑戰小唐的呢。其他那幾個都是忍氣吞聲，笑一笑就沒事了。我不知道，也許我也該這樣做。誰還願意請我？我的經歷看起來好像不曾實際經營任何企業或負責損益。」

過度膨脹型：處方

那麼，有什麼辦法可以防止過度膨脹型企業的症狀繼續蔓延呢？首先，他們可以回顧當年成功的因素，並重新點燃企業第二代的創業精神火炬。他們可以將決策民主化、去除資訊傳遞障礙，以及將職位發展制度化。基本的處方是讓層峰把焦點放回領航工作上，多留一點自主權給事業單位。

重新點燃創業精神的火炬

許多過度膨脹型企業，由年輕企業家靈光乍現的眼光開始，而成爲經典的成功故事，以及巧思和勤奮的縮影。然而令人遺憾的是，實際上，這些成功故事並非個個都有幸福結局。當事業不斷成長之時，組織卻沒有跟著進化。層峰領導人，並沒有去激勵創意和決策，爲創業精神之火加油，反而是讓這把火缺氧、從下面灌水讓其受潮而熄滅。創始領導人把決策權緊抓不放，即使他們很明顯地缺乏市場的必要知識，而無法作縝密抉擇。

不論規模大小，大多數的企業（尤其是過度膨脹型企業）必須接受一個現實，即執行長辦公室不再有能力處理公司每一件重大決策。這些高階人員，與市場隔絕，沒辦法吸收和處理資訊，以解決日常業務成千上萬的抉擇問題，尤其是決策所牽涉到的資訊，通常是特殊而有時間限制。層峰應該給事業單位主管（他們最接近客戶，也最有可能成爲未來的高階主管）多一些決策權，好讓公司的企業精神，薪火相傳。只有這樣，過度膨脹型企業才能提升決策的速度和效率，進而提升績效。

◎

一九九八年，當嘉吉企業以前瞻的「重生再造」眼光，檢視其全球業務下的組織架構時，他們仔細地評估了產品、服務，和客戶。嘉吉公司根據這次檢討的基礎，確認了九十五個「自然」面對市場的事業單位（BU），而以前則分爲二十三個全球本部。

接著公司展現其信念的勇氣，將整個企業依照新模式進行組織調整。嘉吉企業的事業單位數目幾乎擴增爲以前的四倍，當然，事業單位的主管也一樣，而且他們要負損益之責，並且向執行長立下績效保證。「這個組織模式，根本就脫離了我們以往那種傳統的階層結構。刹那間，事業單位主管的世界，更透明、更複雜的展示出來。他們要作更多的決策，達到更多的要求。」吉姆・黑梅克提道。他是策略長，主導這個轉型案，並將該案命名爲「策略性企圖」計劃。

「我們根據策略性企圖計劃，重新設定公司對事業單位的要求。事實上，我們告訴事業單位主管：『如果你覺得有必要把事業單位的範圍作個調整，你可以回來找我們談……也許我們可以把市場範圍重新作個調整……甚至於，也可以調整你的策略空間。這都沒問題。但是我們對於你的表現，以及單位績效的要求，則是非常明確。』讓事業單位主管淸楚地瞭解其自由度，可以幫他們卸下不少重擔，而要求明確，則可以讓巨大的創業家能量，爆發出來。」

◎

一九九二年，大衛．莫瑞根本不敢奢望從澳洲聯邦銀行各單位裡，可以挑選出儲備管理人才。「我們的人才基礎太薄弱了。因此，我的作法是，花一些時間來提升我的技能，以及提升我所知道銀行裡那幾個聰明人的技能，讓澳洲聯邦銀行蟄伏已久的企業家動能，再行發揮。同時，我從外面找了一些人進來，先放在影響力很大的位置上一段時間，然後把他們全部丟到組織的茫茫大海裡。例如，我從外面找了一些銀行經驗不多的人，放到授信管理委員會或資產負債管理委員會，這樣，他們就可以學得很快。」

結果非常好，令人印象深刻，事實上人們對該行的績效，印象是如此深刻，以致澳洲政府得以在一九九六年釋出大部分持股，讓該行充分民營化。今天，澳洲聯邦銀行是澳洲第四大上市公司，擁有全澳洲最大的金融服務網，也是全澳洲客戶最多的金融機構。

層峰把焦點放回領航工作上

對事必躬親的高階主管而言（尤其當他們是創辦人時），要他們放手不管日常決策是很困難的。他們當初之所以創出一片事業，部分原因就在於喜歡動手做的黑手性格。但他們終須放手（並追求更高的使命），以帶領公司邁向下一波成長階段，和創造價值。

不管多聰明，工作多努力，沒有一個高階經理人可以掌理公司每一項重要決策。過度膨脹型企業必須將總部和事業單位的決策權重新畫分，才能常保成功。過去，過度膨脹型企業的決策權，大部分劃給組織層峰來負責，可是這種由上而下的方式已經行不通了。企業已經變得太龐大、太複雜，以致不適合以遙控的方式來管理。企業總部應該將日常決策交由他人處理，並調整注意力於企業整體性的問題上，在事業與事業之間的連結上創造價值，而不是在事業之本身（例如，投資組合管理、公司治理、策略規劃，和風險控管等）。新焦點是，組織必須去發展高階人員，以領導來創造價值，而不再靠動手做。

◎

在一九九八年，如果你是嘉吉企業的執行團隊，我們可以確定：你對於農產物資供應鏈的經濟學瞭若指掌。誠如黑梅克所說：「在這家公司，成功的員工就是那些隨時隨地可以快速推算自己成本的人——玉米的種植成本、運送成本、加工成本、標價成本等。在我們的系統裡，每個地方的經理人，隨時都在運用供應鏈經濟學……包括相關原理和價格波動。」換句話說，他們深深專注於事業。

在舊嘉吉時代，你的工作，就是把全副精神放在處理數以噸計的穀物或玉米的運送、加工，和避險上，直到你一路升上全球本部的頂端，成爲所轄業務的大師。

一九九九年之後就不同了，公司將整個組織進行大翻修。突然間，全球本部那個龐然大物消失了，取而代之的是，幾個較小而客戶導向的事業單位。以前的部門主管成了平台領導人，不再直接掌控事業單位的資產或策略。反而，他們扮演的新角色是「教練」，訓練那些上任不久，歷練較淺的事業單位主管。

「平台的功能，並不在於擬定策略，而是在於核准策略：核准事業單位的資金需求、核准投資計劃、核准聘用幾名重要的新幹部、並且協助事業單位主管發展客戶關係。不過，我們不再有管理矩陣了。」策略長吉姆‧黑梅克說道，這表示以前管理人員的工作提案，必須向好幾個不同主管報告的問題，已經解決了。「企業裡主要的執行機構，和制定策略的機構，就是事業單位。平台領導人的角色在於形成平台層級的策略、授權事業單位主管並給予激勵，及鼓勵各事業單位相互合作。

「想想看，這對於一家終身雇用文化，某種程度上強調職級福利的公司，衝擊有多大！」黑梅克繼續說道：「你終於升到了全球本部的頂端，你工作了一輩子，就是在等這一天，掌管全球本部！可是現在，人家要你交出大權，閃一邊去。眞是情何以堪啊！

「組織調整之後，我們最關心的是，平台領導人適應新角色的能力和意願。他們的損失最大。這些人爲公司奉獻了一輩子，最後只是把名片上的職稱，從總裁換成了教練。現在的領導關係已經規劃成，從他們以前的屬下（事業單位主管），直通執行長。而且這個新關係的影響具有象徵性意義，因爲我們眞的打破了傳統階層性架構。」

這次組織轉移得以完成，吉姆‧黑梅克歸功於嘉吉的企業文化。「如果他們不是這樣說：『聽好，我在這裡幹了一輩子了，而這些事讓我很不堪，也很痛苦。不過，畢竟我們也都是公司一路栽培上來的，所以，如果你們全都可以同舟共濟，那麼，我也要和你們在一起。』

我們不可能把這些搞定。

「因爲資深主管對公司的忠誠度非常高，也願意分享他們的經驗，所以，他們對這個大實驗，有一定的支持度，同時也讓他們得以促成這個大躍進，這是大多數企業做不到的。」

推出決策並衡量績效

過度膨脹型企業除了要讓層峰專注於領航之外，還必須對新近才取得授權的中級主管，包括事業單位和功能性部門的中級主管，提供必要的工具。過度膨脹型企業的全盤解決方法，包括企業DNA的所有元素，從組織分權，到雙向資訊流，到完整決策權，和整合妥善的激勵機制。重要的是，四項構成區塊要能夠相互搭配，決策者才能得到所需的資訊和激勵機制，爲公司作出好決策。

很自然地，層峰起初並不願意將控制權交出來，而且，那些剛取得權力的人，同樣地也感到很猶豫，因爲他們管理事業的經驗還很有限。重點在於分配決策權之同時，總部和事業單位之間要建立一條明確的界線。此外，一套合適的決策架構和績效衡量指標，對過度膨脹型企業來說，也很重要。層峰必須確保這些新秀可以順利接手。

◎

嘉吉的策略性企圖計劃從一張白紙開始。一九九八年，執行長厄尼・米謝克徵召了八位成員加入策略性企圖小組，要他們爲企業的未來進行準備工作。他們的工作是重新整理嘉吉豐富的專長和資產，滿足客戶長期需求。吉姆・黑梅克回憶道：「入選的成員，都是公司資深的事業群主管，也是公司未來的接班人。一方面，他們的職位夠高，足以瞭解如何做才能改善公司；另一方面，他們也很接近市場，足以瞭解客戶要的是什麼，什麼不是客戶所要的。還有，他們因爲離層峰還有一兩級，所以他們夠獨立，不會那麼頑固守舊，對改變樂於接受，而不會感到太痛苦。他們不會受到現況拘束，而無法規劃新方向。」

小組在短短的幾個月內，檢視了好幾打的情境分析和組織模型，最後建議把整個公司的管理模式重新導向，針對農產和食品供應鏈，提供客戶解決方案。嘉吉廢除了成效不彰的矩陣式組織架構，並建立產品導向的網路式組織。

和階層式組織那種決策權集中在於層峰的作法相反，「網路式」架構的背後意義在於，決策權分配到各單位。在網路式組織裡，決策權的「節點」放在各層級，決策單位以跨部門的方式在運作。在嘉吉的新模式裡，一共設立了九十五個事業單位以滿足客戶需求，提供解決方案，而管理協定則建立在執行長和事業單位之間。

實際上，執行長直接管理事業單位，雖然兩者中間還有個事業平台。「我們組織重整的重點在於，把事業單位的管理能見度清楚地呈現出來，不再隱藏於垂直的階層制裡面。」黑梅克說道：「在舊組織架構下，事業單位之下又分了十塊業務，就是十個次事業單位。層峰對於這十個次事業單位的損益情形幾乎沒有概念。例如，這些次事業單位，獲得了多少策略上的關注？人才夠不夠？對本部整體損益的影響情形如何？如今，我們突然有了一定的透明度，而且更重要的是，責任比以前更清楚了。我們有了明確的策略，還有明確的策略執行方式。」

「事業單位和執行長之間所達成的管理協定，現在已經證明是促進客戶導向的催化劑。」黑梅克說道：「這些協定，把我們各項業務的重要衡量指標定得清清楚楚，而且還設定了一套工作目標。過去幾年來，這些協定事實上已經成爲長期績效的指導手冊。即使有時候，這些協定太強硬，不容許下面的人討價還價，協定依然是有效的。協定總是可以發揮功效。如果你不把那些障礙清除乾淨，你就沒辦法爲公司創造價值……這點，你應該明白。」

嘉吉還開始要求事業單位做五年營業預測，以作爲策略規劃之參考。有些交易單位拖了很久還是做不出來，他們認爲，連未來兩個月都看不清楚了，更不用說是五年。他們的話不是沒有道理。

「即使我們不能預測五年的商品市場。」黑梅克承認道。「從另一個角度看，經營事業，你不能沒有預測。這是很重要的紀律，要求你們這麼做，是強迫你們去思考，特別是要你們把眼光放遠一點。這才是我們要的。新的領導團隊要訓練這群新決策者去思考、去判斷。他們希望事業單位主管，能夠在業務模式和可行方案上，勇於下注。」

將富有效益的門路合法化

當組織在運作上有所不順時，作業模式的矛盾和異常，經常是寶貴的資訊來源。你應該去「挖掘」問題裡的智識，而不是煞費周章地掩蓋問題。門路是資訊的寶藏，讓你知道如何把組織經營好、有效服務客戶、作清楚的溝通。訣竅在於將門路合法化，加以推廣，並強化成效，及於整個組織。傳統的整治方式是把這些旁門左道的作法找出來，然後順手拔除，但是，這種方式在我們看來，實在是有待商榷。把事業單位裡的門路拔除，你拔掉的其實只是病癥，實際上並未觸及問題核心。而且你還會讓員工以爲，所有的非「官方」作法，必然就是不良的作法。要想長期改善組織運作效率，你必須去瞭解這些機靈的謀略，瞭解他們所要克服的障礙是什麼……然後移除這些障礙……未必是移除這些門路。事實上，門路可以合法化（乃至於應該合法化）成爲最佳實務。這是避免工作重複浪費的不二法門。俗語說得好：「需要是發明之母。」事出必有因，把問題的原因找出來，並且好好的運用，化爲助力，這才是你該做的事。

◎

「以前，分行系統的人，對於競爭對手的策略，有很好資訊。」澳洲聯邦銀行執行長大衛・莫瑞說道：「但是在資訊一路經由所謂的『命令並控制』管道，上傳之後，再下傳回來，整個市場環境也許已經又發生變化了。」少數具開創精神的人，爲了克服瓶頸，發展出「未經許可富有效益的程序」來完成任務或協力銷售。最後，他們把這些廣泛存在於同事和朋友間，互相合作的非正式網路，在分行層級，就地合法，成立了所謂的單一小組引介系統（One-Team Referral System）。

這項小提案，在分行推動時，非常成功，所以現在進一步推廣到全公司，以作爲資訊收集和共同銷售的工具。誠如莫瑞所形容：「我們只開一次會就決定了（只花了我們兩分鐘），我們要擴大這個系統。」每個澳洲聯邦銀行的員工都可以利用這個單一小組引介系統，直接將客戶或其他緊急業務，引介給適當的單位來處理。莫瑞接著說道：「透過這套系統，我們可以把前線人員所獲得的市場資訊，加快流通速度，直接轉給負責的業務主管，迅速決定因應措施，以及競爭對策。」

◎

門路發生的時機，通常是在過度膨脹型企業的中央單位無法提供支援服務時。某家我們曾經共事過的國際運輸公司，他們那裡，門路大量滋生的原因，就在資訊部門。因爲該單位除了要維護大型主機的運轉之外，還要支援各種應用程式的開發工作，結果資訊總部只好先把精力集中於主機系統的運轉上，而無法滿足其客戶需求。一些重大的應用程式往往要花兩年時間才能完成升級，而小型應用程式，則幾乎得不到支援。

結果，資訊部的客戶（各營運單位），只好轉而尋求未經核准的門路來完成自己的資訊專案，上線服務。例如，他們會自行以非資訊人員的名義，聘用「影子」資訊人員，以避開稽核。後來，該公司對資訊作業進行徹底評估，發現不但可以讓資訊部服務更好，每年還能省下三千萬到五千萬美元的資訊費用。他們的作法不是將門路就地合法，而是在公司裡，爲資訊服務建立一套透明而有效的市場機制，讓資訊部可以依工作負荷排定工作順序，也讓作業單位可以自行調整需求。該公司透過資訊工程的內部市場力量（即供給和需求），讓各使用單位可以爲自己的緊急專案，「標」下較優先的資訊排程。

管理模式專業化

「草創」時期的特別程序和非正式管制早已成爲過往雲煙。過度膨脹型企業早已經從這個生命週期中畢業了，企業現在需要的是一套組織模式，把好的行爲轉化成制度，並且消除不良的行爲。不良行爲很容易分辨，例如：「門戶」主義、事後批評、過度的績效考核，和不當的獎賞。把這些東西去除之後，你就可以淸楚地看到好的行爲，以及專業管理模式的特性：整體的企業觀點、適當分派的決策權、務實的績效考核，以及公正而精確反應績效的薪資。

如果你要建造這種協調整合的組織，必須在追求成長時，作有效的風險控管，並且在公司裡建立一套職業標準。讓員工瞭解公司對他們的要求，並提供他們工具、資訊，和決策權，使之足堪重任。組織模式專業化並不表示已經大功告成，而是以更嚴謹、解析式、具體可行的方法來處理事務，這種方法，更能配合成熟企業的規模和業務領域。

◎

嘉吉企業還在持續進行重大的組織轉型，吉姆・黑梅克這樣描述：「我們希望能有重大成就，而且我們也知道，這個案子所提倡的標語，其實就是我們的策略和原則……也是我們長期宣導的行爲。事實上，我們很快地就瞭解到，組織大翻修並不只是畫畫組織圖上的線條和方塊而已，而是讓每個階層，在循循善誘之中，建立出新的行爲模式。

「我們所關注的六種行爲模式——我強調的是不同於嘉吉傳統——其中的一種即是我們所謂的『討論，決策，支援』。在嘉吉，我們以前的作業典範往往是『討論，決策，討論』。專業經理人基本上會認爲，只要覺得決策不妥，就有權提出反駁。而這種想法，在我們這裡是深植人心。

「新秩序在運作上，絕不能容許這種歧見。如今，我們由組織裡最好的頭腦（就能力而言，不是職階）來下決策。我們要把這個毛病改掉，我們會召開會議，並且要求每個人認同，實際去執行。如果事情進展得不是很順利，則我們會稍事停頓，作個檢討，也許我們會調整一下方向。但是，除非大家都能遵照決策指示來做事，否則就不可能會有強大的執行力。」

嘉吉的事業單位，現在依照品質標準、績效門檻，和公司要求等項目設立了一套經營參數，據此運作。事業單位主管，在這些限制條件之下，就市場占有率、差異化，和績效等項目，制定其策略方針。「當然，你會發現他們對門檻水準討價還價，或對很多事情希望能打個商量，但是這種事情隨著時間而越來越少了。事業單位和公司之間的透明度比以前好很多。現在他們終於無處躲藏也沒有藉口了。」一黑梅克說道。

「重點在於這些參數的明確性。我們試著讓事情明明白白的，而不是模糊不清。針對主管人員，我們盡其所能的把最低要求水準、決策權，和行爲標準，表達得非常明確。

圖 5 · 1—嘉吉的六大關鍵行爲

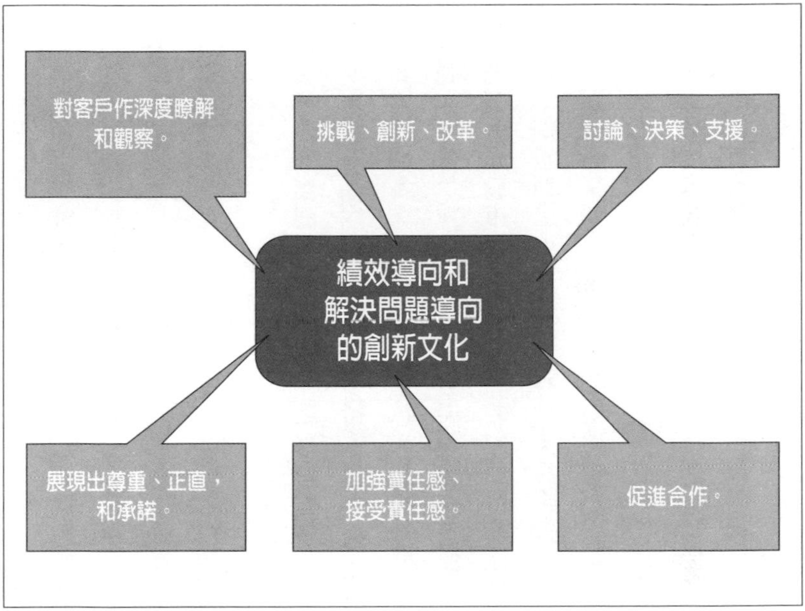

「那麼，困難點是什麼呢？基本上的困難點是，我們一方面對組織在結構上、行爲準則上，和所有的改革事項上，嚴格要求；而另一方面，我們卻要讓他們知道，他們在運作上有自己的空間，他們可以有創意，可以根據需要設立自己的衡量指標。這就是所謂的鬆中帶緊，緊中帶鬆吧。

「但是我們對於公司所提出來的要求，決不退讓。公司的要求事項很簡短，一向都是如此。我們一共定了七項。這七項已經成爲所有嘉吉企業對系統和行爲要求最低門檻的最佳範例了。」

公司的這些要求，成爲事業單位估算作業成本的基礎。這可以讓各事業單位對於公司「一定要有」的服務，而必須讓各單位去攤提的成本，有量化的瞭解，因此他們可以和市場最低成本的競爭者作比較。還有，這樣做也可以讓新進主管和新購事業，明確地瞭解到公司對他們的要求。這些公司要求，明白規定了嘉吉企業在行爲和系統結構上的最低要求門檻，而且，舉個例子來說，當你迫於無奈而不得不使用公司的律師或保險時，「你可以舉手要求豁免，」黑梅克說：「但公司通常不會同意。」

◎

大衛．莫瑞到澳洲聯邦銀行擔任執行長的第一件事，就是把傳統的星期五管理會議作個徹底改變。「這個每週的例行會議，可以在五分鐘之內開完，也可以花上三小時，而開會之前竟沒有人知道要開多久。因爲沒有議程。」莫瑞回憶道：「這個會議承襲自早期英國銀行所謂的『早課』，其實，經營團隊只是聚在一起閒聊罷了。這種同事間『下午茶』式的對話，特別是對我們這種處於市場環境已經開放的銀行業而言，實在不是個有效和專業的管理工具。所以我們在一個星期之內，就把所有的業務報告、競爭價格分析、利率敏感度分析等報告釘在一起，作爲我們每個星期五的討論事項。」

最近，莫瑞和他的團隊針對股東總報酬率建立了一套衡量指標，並且在各單位推動嚴格的服務和銷售管理系統。各層級團隊每星期開會或電傳會議，討論重要主題並分享實務經驗。莫瑞回憶道：「有幾個星期，我們就選了我們正打算要推動的企業金融相關領域作爲主題。資深主管在會後以電話或親訪的方式進行跟催。在一星期之內就打了三十多通電話給企業金融部的客戶關係經理，結果，公司的績效可圈可點。」

在各層級培養領導人才

由於企業已經過度膨脹，遠超過原始模式，此時，除了決策權要分散之外，也是培養下一代高階團隊的時機。過度膨脹型企業所面臨的最大挑戰就是領導規模延伸，超越「創辦人家族」或管理親信的能力。這種組織，管理由上而下，中層主管薄弱。過去，他們的領導技能缺乏練習，也很少有正式訓練。

因爲管理採「專業」模式，層峰應該建立正式培訓計畫，以挖掘、提拔，和獎勵特殊人才。提拔，不單是指企業內垂直式的平步青雲，還有各部門間的橫向輪調，以歷練專業技能。人力資源部在設計職場發展計畫時，也應該明白地向員工強調，員工的努力，不只可以讓新組織成爲更穩健的企業模式，同時對企業文化，也有深遠的影響。

◎

大衛・莫瑞將根深柢固的年資文化和獎勵系統移走，推動以績效爲基礎的獎勵模式，帶領公司，徹底由國營銀行，轉型爲民營商業銀行。這眞是非常不簡單。「從國營銀行這種嚴密管制環境出來的人，已經習慣於公務員模式，工作了一輩子，從基層循序漸進地往上爬，直到退休。職位取決於年資，而不是能力。還有一些從外面進來的人（現在已經不少了），他們來自於權力基礎的私人企業模式。他們習慣於聽從負責人的指揮。當然，兩種都不是績效基礎。現在我們要非常堅定地邁向績效基礎系統，升遷和獎金是建立在技能和貢獻度之上，而不是年資或企業政治。」

爲了培養下一代管理人才，澳洲聯邦銀行在一九九〇年代引進了一套名爲「幹掉頂頭上司」模式，這套模式，員工的教導和升遷發展，由其老闆的老闆來負責。莫瑞這樣說明：「如果你的上司是保羅，而保羅的上司是我，那麼，你的升遷就是由我來負責，不是保羅。保羅負責的是你們單位的績效。」由於推動了這種員工和「頂頭上司」之間的關係，公司有效地化解了年資文化的障礙，並且挖掘出許多領導「新秀」。這套模式持續在注意有潛力的員工，協助他們發展再發展，以免埋沒在舊制之中。

在「幹掉頂頭上司」模式裡，每位經理人負責一組「有效領導單位」，成員包括其直屬部下和上司。有效領導單位每年聚會三到四次，討論企業議題、共同尋解、提案交流、個案研討，或競爭情境演練等。這些會議是所有參與人員極佳的發展舞台。「代表這是個雙向學習的機會。」莫瑞觀察道：「三個階層的人可以更直接的相互瞭解。」經理人更加瞭解部屬的才華，並協助他們發展。他們現在還可以規劃更有效的會議內容，因爲他們已經比較清楚每個小組成員可能的動向，包括什麼時候，垂直或橫向的調動。還有，在這個模式裡，因爲員工有機會在聚會中提問，除了上層老闆之外，還可以得到上上層老闆的關注和指引，所以過去升遷調動時，那種令人不舒服的意外感，也就減少許多了。

◎

嘉吉的資深領導團隊創造了五種不同的薪獎制度，以激勵優秀人才並鞏固他們對目前「去中心化」組織模式的向心力。「我想，公司領導團隊在策略企圖計畫的第一年裡，也許花在整合激勵機制的時間，要比其他主題還來得多。」吉姆·黑梅克說道：「例如，新單位才呱呱墜地不久，也許要採取專案方式，把獎金延後數年，以待其有所突破。而交易員，如你所料，則要用完全不同的獎勵系統。」

其想法是，不同的薪獎制度鼓勵不同的行爲，而企業的薪獎制度是否妥當，受許多因素之影響：從市場競爭狀況到業務產生績效所需的時間。因此，如果業務還在培育階段，可能好幾年都沒有績效，採延後的獎金辦法也許有其道理。

其次是激勵創業精神。「我們避免用『自治』這個詞。」黑梅克說道：「因爲自治表示你可以脫離一切而獨立，做任何自己想做的事。其實，我們是一種指導式集團，或者我們所謂的企業聯邦，因共同的策略企圖與和衷共濟的需求，而結合在一起。然而，我們毫無疑問地釋放出驚人的創業能量。事業單位主管在面對變動不居的市場狀況時，有更多的選擇，可以更自由的經營事業。

「從職業發展的角度來講，我們現在可以轉調的地方可多了，而事業單位主管成了炙手可熱的職位。不是所有單位都生而平等，有的單位很大，有的則小小的。但是成爲事業單位主管之一員，那種感覺是很棒的。」

今天，嘉吉設計了許多計畫和課程來培育下一代領導人。公司每兩年舉辦一次的領袖論壇來提拔頂尖人才。嘉吉領袖獎更是以領導人教領導人的方式，在基層推動許多重要觀念。公司印製了一套十冊的小冊子，教導員工如何將事業單位變成客戶解決方案的模範。現在，他們在事業單位層級有一份達成客戶解決方案的模範發展計畫。他們持續地接受教育訓練，以獲取工作上所需的重要技能，包括從客服單位的解決方案和銷售技巧，到研發單位的產品差異化。

該公司有一項密集的人才管理程序，他們檢測出前兩百名領導人，還有接下來的五百名領導人，依此類推。「不論你的公司有多大，你要知道你的領袖人才，還有，你要知道誰最適合哪一個工作以及每個人的長處。歸根結底，這些人是你企業成長的動力來源。」黑梅克作結論。

嘉吉企業：後記

雖然看起來有點諷刺，吉姆．黑梅克仍然將此事歸功於傳統嘉吉企業文化在現代化上的能力。「在規劃階段時，我不覺得有人可以充分瞭解到，我們的企業文化在推動新策略方針時，能扮演如此重大角色。但事實證明，企業文化幫了我們很大的忙。」

這項爲期十二年的計畫執行了六年之後，嘉吉企業日益興旺。改革之後，盈餘馬上顯著成長。事實上，從一九九九年秋，策略性企圖計畫開始推動，到二〇〇五年初，嘉吉的淨值穩定成長，除息之後，每年的複合成長率達百分之十八。「績效一旦起飛，就飛得很快，超乎我們的預期。我們除了領到責任和績效獎金之外，還可以拿到員工紅利。」黑梅克說。

策略性企圖的力量來自於追求理想的勇氣。這是個特別設計的計畫，用來挑戰德高望重家族企業的中心思想。改革工作的規模和領域是如此深遠，所以公司知道，一旦施行之後，成效可以長達十年以上。很少有公司可以作這樣長期的發想，而能夠堅持到底以獲得成果的公司，那就更是鳳毛麟角了。

嘉吉企業——目前仍由華倫·史泰利（Warren Staley）擔任執行長，他自本案開始時即上任——如今是一家強大而專注的公司，擁有十萬五千名員工，業務橫跨全世界五十三個國家。一個半世紀以來，有多少企業起起落落，甚至滅亡，嘉吉卻能屹立不搖，更加茁壯。

「最神奇的是，策略性企圖的抱負如此遠大，可以長期帶領我們，刺激企業達十年以上。從一開始，這案子就是許多人的夢想。而不單是爲了股東利益。我們認爲股東利益只是水到渠成的產物，眞正的重點在於建立一家完全不同的企業，而且，如果你願意，還可以將公司潛在的各種專長、市場，和人才整合起來，給予充分能量，克服各式各樣的障礙……包括組織結構、系統，和文化上的障礙。」黑梅克說道。

「這項計畫我們才做了六年而已。雖然，我們今天比計畫剛開始時還要老練許多，但是我卻無法想像，我們還要老練到什麼程度，才能在未來的六年裡，成功地完成任務。總之，我們要抱持著虛懷若谷的態度。」

嘉吉企業在轉型時所遇到的核心問題，在過度膨脹型企業裡很尋常。你如何能一方面保留規模經濟所帶來的好處，一方面卻又擁抱創業精神和作法？很多人認爲這兩者的目的相衝突。但是嘉吉已經打破了這種想法。該公司過去是一家巨大的、階層式的家族企業，卻已經可以創造出企業家精神的綠洲。而且這項成就，完全沒有犧牲掉家族企業原有的威望或核心文化。

◎

巴伯的事呢？我們要如何解決他的困境呢？他希望雇主，丹維爾飲料公司考慮地區業務狀況，投資三十萬美元於新產品線，但是他卻沒辦法讓上面的決策者重視這個問題。像巴伯這種情形，在面對殘酷的環境時，很容易就想，乾脆把問題拖過去裝死算了，很多過度膨脹型企業的經理人會這樣做。畢竟，如果老闆對損益都不怎麼在乎，也不想來瞭解他的構想所能創造出來的價值，他又何必自討苦吃呢？事實上，因爲前線業務人員提案時，沒有得到適當的鼓勵，許多過度膨脹型企業，就因此而缺乏好點子和創業能量，導致衰敗滅亡。

當然，對巴伯來說，如果丹維爾飲料公司是家「健康」的企業，能夠重視他的問題並馬上投資，那是最好的了。但是他所面臨的情況並不是這樣。巴伯應該把注意力放在他五萬美元權限所能積極進行的事情。他不可能在一夕之間，以一己之力來「整頓」丹維爾飲料公司，但是他可以在自己轄區內，做出好的行爲典範，並以實例爲力量，帶動更多的變革。還有，他可以自行發展自己的管理技能，而不是等著公司來「訓練」。

也許，巴伯可以先不用建造整套三十萬美元的生產設備，而是協調當地的裝瓶廠，以丹維爾飲料公司的標籤，爲他的轄區代工，試銷新產品。一旦開始試銷，巴伯就可以拿出一些具體成效，如此，對丹維爾兄妹就更具說服力了。或許巴伯在東區小規模的成功經驗，可以吸引其他地區總經理的注意，大家集合起來，想辦法擴大或延伸實驗規模。如果所有地區總經理團結起來，要求丹維爾兄妹生產巴伯所建議的新產品，此時，丹維爾兄妹即使要拒絕，壓力也相當大。

事實上，即使在過度膨脹型企業，一點點小成果也足以立大功。丹維爾兄妹一旦見識到小小的創業能量所帶來的成果，他們也許會開始問自己，以及問經理人，如何才能獲得更多的成果。此時，他們就會敞開大門，好好的討論所有本章提到的處方了。以小規模試驗成果來證明大規模解決方案的可行性，巴伯見證了這句諺語：「與其詛咒黑夜，不如點燃一支蠟燭。」

◎

雖然和其他類型企業一樣，面臨執行問題，過度膨脹型企業通常擁有溫馨而親和的文化，使其（如果經過適當整合和激勵之後）能夠進行重大改革，保持競爭力。雖然部分處方苦澀難嚥，但多數處方卻可以用成就感和美好前程，激發出員工的熱忱。過度膨脹型企業原本就有成功的種子，他們只須好好的培植這顆種子。

6
動脈硬化與關節炎

過度管理型企業：「我們來自總部，我們來這指導。」

「過度管理型」企業因為對細節的過度管理
而層層堆疊起命令與控制的官僚架構。
中間階層製造出許多不必要的工作，
對基層員工的即時反應與主動積極視而不見。
這樣的企業彷彿得了關節炎或動脈硬化，
指令經過層層的過濾，
已經變調且無法執行。
結果是造成推卸責任的企業文化。

過度管理型企業由於在管理上過度地疊床架屋，往往是「分析癱瘓」個案研究對象。這類企業，不是毫無作爲，就是動作遲緩而被動，以致在商機的掌握上，往往較競爭者緩慢而漫不經心。一整群管理人員見樹不見林，把時間和精神全花在挑剔部屬工作上，而不去注意外在環境的新機會與威脅。由於組織非常的官僚和政治化，主動而成就導向的員工很容易受到挫折打擊。

在過度管理型企業裡，如果你不是在總部工作，則你所作的決策，幾乎可以確定，總部人員會去做徹底調整，而他們對客戶需求的認識，卻遠不如你。也許客戶已經把他們在廣告上看到，而你卻從未聽過的新方案告訴了你。如果你只是個幕僚人員，則你花很多時間所做出來的報告，總是乏人問津，所做的分析，也等於是直接丟到碎紙機裡。在過度管理型企業，許多的工作都是白費力氣，資訊則停滯不動。例行升遷讓大家順著漫長的企業之梯往上爬，在這裡，我們確信，大家但求平凡，不求表現。

東卡鋼鐵公司

麥可・孟內爾差一點點就毫無幹勁了。在東卡鋼鐵公司（虛擬公司名）工作了十年，這是他第一次接受指派，去負責一個非常重要的專案，而且，如果這次的表現不錯，或許就可以提早升上副總。過去這四個月來，他一直帶著專案小組，發展東卡鋼鐵的中國策略，如今他已準備好了，要向正式執行長呈報專案小組的建議：和中華鋼鐵公司（虛擬公司名）策略聯盟。事實上，中華鋼鐵已經從三家競爭廠商中，選中東卡，而且麥可和他的專案小組，早已和中華鋼鐵把條件談妥了。這件事刻不容緩，麥可希望上面能在一兩天之內就准下來，好讓他趕快把案子搞定。

當初他的老闆，哈爾・古柏給他這項任務時，除了強調快速成長的中國市場對東卡很重要之外，還告訴麥可，執行長梅爾・帕帕達吉斯對這個案子盯得很緊，並且授予專案小組充分的權力和責任。後來，當麥可向哈爾簡報完小組的研究成果及強烈建議後，哈爾的反應很不錯，他說：「你做得很好，精彩極了，麥可。」

然後他撂下了這幾句可怕的話：「我會在下星期的幕僚會議上向巴布報告這件事。如果他認爲沒問題，我們就可以把案子排在企業策略規劃委員會的議事錄上。」巴布・瑞瑟是哈爾的老闆，事業群副總，不過他在麥可這群經理級同事之間，有個很出名的外號，叫做「黑洞巴布」。再好的構想呈到巴布的辦公室之後，全部有進無出。這完全不是哈爾當初答應麥可的提早升官……也絕對不是麥可向中華鋼鐵信誓旦旦的快速決策。

當麥可告訴他的小組，案子已經進到下個階段時，福格斯，這位頭髮斑白在東卡做了二十年的老員工歎道：「又來了。公司裡會動的東西，八成就是這樣被總部給悶死的。我敢打賭，這個案子一個月之內下不來。就算那個策略規劃委員會要看這個案子好了，我們做的東西，十之八九也會被挑剔得體無完膚。他們會自己再去作一套分析，把所有的數據重新跑一次，然後得到和我們一樣的結論。不過，其實這已經不重要了，到那時候，案子老早就飛了。」

福格斯不幸言中。這項中華合作案在巴布・瑞瑟的辦公桌上躺了一星期，然後在策略規劃委員會那裡又耗了兩個月。這段時間中，偶爾會有委員會成員要求他把一些問題解釋清楚，不過對案子本身，並沒有任何建議。他們研究所有分析資料，挑戰報告裡一些重要的假設基礎，並重新計算預測數字，但大多數工作，都沒讓麥可和他的團隊參與。最後，他們把結論略作調整，但基本上他們所提出來的建議仍然是一樣的。

然而，在此之前，中華鋼鐵已經開始和東卡的主要競爭對手，杜拉格鋼鐵公司接洽了。還好，他們還有機會保住這個聯盟案。麥可日以繼夜在公司加班，不停地打電話到中國，把案子看得緊緊的，希望那個機會渺茫的綠燈會突然亮了……但是，他深知自己被上面愚弄了。這個號稱特急件、重要任務、由他全權負責的案子，已經被上面攔截了。

當麥可明白一共要經過多少關卡，才能把他和中華鋼鐵所談的策略聯盟案核下來時，他變得更加意志消沉了。他長期堅持，希望東卡高層能夠果決地將此事定案，卻證明事與願違。企業策略規劃委員會通過這項中華鋼鐵合資案之後，案子所建議的條件，還要交給財務部去審核，由他們再把數字核算一次，看看是否符合公司的投資規定，這樣又花掉了一星期，然後，執行長梅爾・帕帕達吉斯才終於進來管事。麥可覺得很奇怪，梅爾不是特別交代，他非常重視這個案子，要把案子盯得緊緊的嗎？當帕帕達吉斯宣布說，在送進董事會審核之前，要先提交執行委員會，取得執行委員會的正式認可時，麥可簡直是要去撞牆了。到底這個案子要蓋多少個橡皮圖章啊？

這個聯盟案在麥可（研究過中國市場，和主管機關、貿易官署，及鋼鐵業務高級主管談過，並作了各種情境分析）看來，根本不用再傷腦筋就可以定案。中國很快地就會成為東卡的重要市場，很清楚的，如果沒有找到一家瞭解中國市場運作方式的公司，進行策略聯盟，東卡很難成功。他們好不容易找到了中華鋼鐵……而且，別家公司也找到了。東卡的競爭者，正拿著合約去敲中華鋼鐵的大門，但是幸好有麥可強而有力的說服要點，東卡還是贏了。然而，四個月之後，麥可在這個案子上的個人魅力以及承諾能力漸漸變得薄弱了。東卡必須依照麥可所作的承諾，挹注資金。

麥可再一次感到如鯁在喉。他已經好幾次說服他的老闆哈爾，但是沒有用。似乎沒有人有能力或勇氣去催促這個令人折騰的決策程序。哈爾一再告訴麥可說：「別擔心，只不過是一些簡單的幕僚審核罷了。」在此同時，哈爾和他的老闆巴布，在最近的升遷案中又升官了；而麥可則還是經理。他原本期望把這個聯盟案搞定，可以提早升上副總，但是，他錯了。他必須等到明年才能和其他同儕一起升，績效起不了作用。

當麥可晚上加班，為執行委員會準備另一項研究結論和建議彙總資料時，突然被一通電話打斷了。他肚子一陣絞痛，拿起聽筒，聽到了他這幾個禮拜來一直擔心的事：中華鋼鐵宣布和杜拉格鋼鐵合資經營。麥可把打開到一半的電腦關機……然後回家。

◎

過度管理型企業展現了「命令並控制」這種管理模式的黑暗面。由上而下的決策，剛愎自用，無法獲得績效；這是管理結構未隨著時間改進的不幸產物。而且，這種企業，削弱了基層人才的能力，讓他們有一種「被煩瑣小事凌虐至死」的感覺。

過度管理型企業和過度膨脹型企業類似，其管理採由上而下之方式，但是過度管理型企業的中間層級卻過於「肥胖」。如果你在過度管理型企業工作，事情總要艱辛地經過層層管制才得以完成。開會的地點要在大禮堂，因爲一般的會議室無法容納所有與會人員。你要準備非常多的備用文件（以防萬一），卻根本用不到。你要戰戰兢兢的恭讀高層指示，雖然他們不懂市場趨勢。雖然決策權在中央，大多數資訊卻留滯在地方……導致執行上的遲緩和（或）無效。

根據我們的研究，過度管理型企業有關獲利能力的自我評量是最差的；事實上，過度管理型企業的受測者對於相對績效的看法，遠較其他類型負面。一般而言，過度管理型企業的受測者對於公司發揮績效能力，作出了最差的評價。除了高階主管，一般人不會有太多的喜悅和自信。通常他們只能耗時間，看看有什麼奇蹟會發生。

過度管理型：症狀

過度管理型企業的症狀很容易察覺。從組織結構上來看，這種企業有非常非常多的層級，因此，基層員工和高層隔絕了，而高層卻還試圖去命令並控制他們。他們的指令，經過層層的管理過濾之後，往往變調了。

「命令並控制」無法發揮

在過度管理型企業，員工唯一的共識是，他們無法將重要的策略性和操作性決策快速地化爲行動。官僚體制戕害了執行力；公司在繁文縟節和企業政治中不斷內耗空轉，以致經常錯失了市場良機。決策無可救藥的延宕，因爲基層作業只能苦候總部的決策。同時，總部卻沒辦法從前線人員獲得相關資訊，以做出明智的決策。高階人員擁有所有的權力，但決定重要任務時，卻完全沒有所需的市場情報，諸如：新法規、地緣政治發展情形，和新科技等。簡言之，過度管理型企業因爲決策工具已經有僵化死亡的跡象，所以呈癱瘓狀態。

◎

由眼光獨到的創辦人，以突破性產品，在消費市場上快速成長的公司，如今卻窘態畢露。雖然擁有年輕、充滿創意和精力的人才，企業在市場上的行動，卻好像是得了關節炎一樣。過去公司曾經成功的領域，現在卻遲遲沒有進展，實力沒有發揮出來，而且對零售客戶的服務也開始變得力不從心。雖然創辦人做出正確決定，引進專業團隊來管理公司，自己退居幕後，扮演更有意思的角色，可是，他似乎還不願將大權交出來。他和幾個親信，在產品發展、品牌定位、價格策略，甚至任用高階主管等的重要決策上，仍然握有實質的決定權。誠如一位經理人所說：「雖然我們宣稱要脫離命令並控制的管理模式，可是創辦人和幾個開國元老還是不願就此放手。」

結果，雖然從組織圖看起來，公司已經分權，不再集於中央，但是實際上的運作模式卻盡是事後責難、模糊的命令，和錯失良機。雖然決策權表面上已經指派給基層主管，實際上卻還掌握在創辦人和親信手中，他們長期凌駕在基層主管之上，推翻基層主管所決定的市場行動。但是，在這場權力的拔河比賽中，一旦要追究產品交期延誤或存貨管理不當等情事，看看是誰的責任時，則雙方都會放手，推卸責任。「譴責文化」又死灰復燃了。

差不多這個時候，這家公司安排前一百位人員在外面進行企業基因剖析器測試活動。找出來的企業類型，不出所料，果然就是過度管理型。很清楚的，執行力是個實質問題，不到四分之一的受測經理人認為重要的策略性和操作性決策可以快速地轉化為行動。高達百分之八十六的人覺得決策之後會被批評，而超過百分之九十的受測者認為資訊不能在組織間自由流通。這些過度管理型企業的行為讓公司付出了代價——商譽受損。誠如一位高階人員所說：「我們自己，比競爭者，更讓我們自己痛苦。」

我們是總部派來幫你們的……

過度管理型企業是細節管理（Micromanagement）到了極致時的案例：大家對背後監視習以為常。公司的中間階層過度膨脹，他們急於讓自己的位置看起來有存在價值，因此去「製造工作」，明顯地對細節作無止境要求，並索取數量驚人的資訊，以致必須在各階層中消化和調和。大量時間消耗在費用、人事，和作業決策等事務的申請、追蹤，和核准上。

雖然高階經理人也許會因爲公司層級過多而接收不到資訊，但是當其屬下決策出錯時，卻可以毫不猶豫地加以指責。離相關資訊最近的員工，企業總部卻不能把決策權授予他們，導致企業動脈硬化。因爲官僚制度讓主動積極的人感到挫折，難怪公司很難吸引人才，也很難留住人才。

層層復層層，卻無思考空間

過度管理型企業的組織圖就像個沙漏，裡頭有許多層級，管理幅度都不大，尤其是中間那裡，管理幅度更是窄小。結果經常形成了官僚體系、決策功能障礙，和普遍缺乏創新精神。在這種薄弱的組織結構裡，員工在從事客戶端的工作時，永無止境的核准程序會弄得他們跛腳難行。他們的職業前途毫無吸引力，創造力也無處發揮。高層的景象也是同樣的了無生趣……而且，也擠滿了。

沙漏形的組織，導因於大家長式的企業文化，提倡忠誠，讓好的員工可以「日久見人心」，每隔三年自動升一級。而且，大家都明白，只有「升」而沒有「遷」。這種職位沒有調動的升等，是過度管理型企業的矛盾修飾法。

自動升等的要求，對組織造成壓力，所以產生出許多（大多數是捏造出來的）管理層級。在過度管理型企業，通常員工在自我介紹時，會以名字和職等自稱，如「我是張三，十一職等」。這個深厚的階層體系，是平庸主義的溫床，因爲歷練和技能不足的經理人，也照樣可以升上他們所無法勝任的位置。由於很少人會去冒險，主動負責做事，所以這些缺點就很容易被忽略——結果，過度管理型企業幾十年來，任其發展，搞出一大堆莫名奇妙的職位。不當的考核和升遷過程，永遠會讓人才蕩然無存。

決策瓶頸

由於資訊在組織裡，上下流通不良，所以基層主管和高階主管，對於重要的經營指標，很少會有「共識」。高階主管缺乏前線重要的市場資訊，而基層主管則缺乏資料，無法瞭解個別部門對公司整體績效的影響。權責不清，讓決策和行爲永遠缺乏責任感和一致性，這點，外界可以一目瞭然。

決策權支離破碎，四處蔓延。增設出來的層級，成了員工日常決策的「監護」機關。同時，員工並不覺得自己有權來改善組織，也不想去達成重要目標。多餘的層級和審核程序，讓每個人可以「把責任往外推」，直到實在是找不到人負責爲止。

問題通常是資訊太多了，而不是太少。過度管理型企業是紙上談兵的專家。每件事情都經過監測、評量，和檢討。我們曾經共事過一家汽車公司的經理簡要地說：「太多的圖表和資料灌到我這裡來，我覺得好像在消防栓喝水一樣。我根本就沒辦法好好整理。」有用的資訊混在資料堆裡，有如滄海一粟。

奇基塔牌國際公司：過度管理型企業

幾十年來，奇基塔牌國際公司（Chiquita Brands International）一直顯示著過度管理型企業的症狀。「命令並控制」的企業文化深植於公司，管理層級過多、資訊斷流，以及所謂的專制決策體系。賽瑞斯・傅瑞德漢（Cyrus Freidhem）從二○○二年至二○○四年擔任該公司董事長兼執行長，我們轉述他的說法：「奇基塔在獨裁專制下，已經至少營運了三十年了。」

傅瑞德漢在公司二○○二年破產之後進入董事會，並被董事會聘為執行長，領導這家規模達二十五億美元的全球產業巨人脫離險境。「奇基塔百年來所經歷的大風大浪，足以摧毀大多數企業。」傅瑞德漢觀察道。奇基塔的外號叫「八爪魚」，因爲該公司深入中美洲各國，控制基礎建設，擁有香蕉田。奇基塔（原名聯合水果）曾經因爲環保和勞資問題，被媒體大加撻伐。其財務狀況也是同樣的千瘡百孔，在破產之前，已經連續虧損了十年。

一九九○年代，奇基塔的績效開始下滑，營運效率不好再加上對歐盟市場作了策略性賭注。公司投資超過十億美元於購買新船和香蕉田上，期望歐盟會將封閉的產品市場開放。一九九三年，歐盟並未如預期，作出開放市場的決定，「奇基塔結結實實地在要害上挨了一記。」傅瑞德漢說道。

八年之後，現金部位損耗殆盡，公司只好依破產法第十一章宣告破產（譯註：第十一章可中請破產保護以進行破產重整)。傅瑞德漢進入的是一家艱困、無望的公司,他形容公司是「才剛剛從地獄裡被一腳踢出來。大家都非常焦慮。沒有人知道下一步該怎麼走。」

誠如傅瑞德漢所形容:「奇基塔是高度中央集權。基本上,大大小小的事情,都由執行長決定。如果他對某項業務有興趣,不管什麼理由,他就會親自直接管理該項業務。我剛來時,要直接管十五個以上的部門。裡頭有很多只是小業務,其實和核心完全無關。」

奇基塔的企業文化是「命令並控制」。層峰通常不願聽取周邊的人或部屬建言,而且一直到基層都是這種作風。在奇基塔,部門主管傾向於站在遠處管理業務,而不是以合作的管理風格,參與投入。結果,底下的中級主管無法得到足夠的經驗,也不能預作準備以待將來升上高層時能夠承擔重任。

那時候,經理人還會拿日常作業問題來找傅瑞德漢。「他們有一份自行開發的策略(事實上只是一份操作計畫書),他們會逐條逐項地討論。」傅瑞德漢說道。一些微不足道的小事,如:進用新人,某位員工的薪資問題,或廣告企畫等,全部都會跑到執行長的收文欄裡,等待核決。傅瑞德漢說:「如果是由我來決定廣告,那麼,這家公司可眞是很有問題呢!但奇基塔就是這樣子。每件事都要執行長蓋章。」

結果,重要決策也許會躺在執行長那個負擔過度的收文欄裡頭。各地區的作業,各單位不是「自行脫隊」擅作決策,就是因爲等候指示而讓作業停頓。資訊,包括最佳實務,移動緩慢,而激勵機制並不一定是爲了鼓勵正確行爲。事實上,獎金基本上也成了薪資的一部分;

即使在公司破產時期，有好幾百名經理人還繼續在領不錯的獎金，大約是年薪的百分之三十到五十之間。

傅瑞德漢所下的第一道命令是成立專案小組，成員來自各部門的中級主管，他要他們仔細檢視每一項業務，以及每一個可以節省成本的機會。帶領這些小組的人，是第二層或第三層主管。「從來就沒有人要求他們做這樣的事。」傅瑞德漢說道：「從來沒有人授予他們如此重大的權利和責任，去找出問題和解決方法。各種作業之間很少有對話。除了組織中央集權之外，部門之間，也有隔閡。」

賽瑞斯・傅瑞德漢並不是蔬果產銷專家，但是他有三十六年的管理顧問經驗，善於讓搖搖欲墜的公司，改善績效起死回生。況且，他得到了董事會的支持以及員工對他的敬重。「我對香蕉事業所知有限（我只嚐過香蕉的味道）。」傅瑞德漢打趣的說道。「但是我很瞭解：我們必須將公司的財務狀況，回復到穩固的基礎，爲公司定位，追求新的獲利成長模式，以及培養強大的未來領導團隊。」

就是這三大使命，兩年來，帶領著奇基塔走出破產困境，從病態的過度管理型企業，轉換爲穩健的績效。

組織架構：層層剝除

奇基塔從破產保護重新出發之後，作了大幅的組織重整。因爲該公司退出了獲利不佳的事業、剝分非核心資產，並鞏固生產事業（即生產香蕉），所以部分領域的管理階層也就跟著精簡爲一半。

誠如傅瑞德漢所說：「我們的目標，是把整個系統簡化，事實上，我們要讓聯繫變得少而直接。現在，我們不會再有以前那種人多壞事的情形發生了。過去，竟然有的層級全部都是協調人員，他們的工作只是協調別人的業務。我們將這些協調人員撤除了。」

決策權：突破瓶頸

同時，奇基塔從組織裡頭，拔擢許多有潛力的人才。「我們有一位哥倫比亞農場出身的同仁，在當地做得不錯，後來調去哥斯大黎加管好幾個部門。他對於激勵農場工人很有一套，讓我大開眼界。」傅瑞德漢說：「所以我們把他升上來，擔任所有農場的大主管。」

此外，公司將幾座私人碼頭的管理責任從農場經理的手中轉移出來，並且和整個「冷藏鏈」（把易壞產品從包裝、配送、至超級市場）整合爲單一中央管制程序。現在，從香蕉打包裝箱開始，冷藏保鮮，直到妥善配送給客戶，全由一個部門來負責。冷藏鏈約占奇基塔生產成本的百分之二十五，而其中有百分之十五的香蕉在配送過程中損耗掉了，因此，這是當務之急。

這些努力帶來了成效：奇基塔香蕉田產量大幅增加、交貨品質顯著改善、獲利不佳的農場和非核心事業大幅減少，以及二〇〇三年營業淨利增加了一倍。

資訊：最佳香蕉實務

賽瑞斯．傅瑞德剛到奇基塔時，看到大家如此熱衷於隱匿資訊，感到相當詫異。回想第一次到奇基塔的香蕉田訪視時，他說道：「我看他們拿香蕉串的方式，有的地方香蕉朝上，有的卻朝下。我問：『爲什麼？』很明顯，這應該要有最佳實務，但是每座農場的做法卻有些微不同。」

奇基塔打破這些資訊流障礙的做法相當有創意。公司將所有農場工作人員集合起來，舉辦所謂的「香蕉奧林匹克」。「你剝樹皮的速度有多快？你香蕉裝箱的速度有多快？」傅瑞德漢回憶道：「比賽的目的當然是獲勝，但是，透過比賽過程，你也可以分享知識。當我帶領整個董事會準時參加盛會，讓他們親眼看一看時，我自己也覺得印象深刻。」

香蕉奧林匹克也許只是花招，微不足道，但是，我們可以從其他指標看到，他們明顯地改善了勞資關係。「我們過去一直有著很大的勞資問題。每次我們要改變任何事務，即使是爲了員工利益，都會發生罷工事件。但是現在，經理人爲成功發明了新定義：贏得品質大賽，還要贏得生產力大賽，才算有本事。

「此後，每當我到那裡，我都會要求看些新點子，而他們也會搬出各式各樣的傑作……他們所發展的『雙行系統』……或者是新的灌溉方法……或者是新的裝袋系統。這就是所謂的持續創新了。」

激勵機制：爲成果支付獎金

如果績效差，部分的績效獎金會停發。這是奇基塔破產後所做的第一件事。「第一年我們就把最低門檻設出來了。」賽瑞斯．傅瑞德說道：「結果，這變成了我這個新執行長最不受歡迎的措施，因爲我們沒能達到最低門檻。因此，沒有獎金。在當時，對大多數人而言，他們已經不記得，上次沒發獎金是多久以前的事了。」

公司做的第二件事是高階主管兩年不調薪，但是如果績效目標達成，則會加發獎金。「第一年，當我們什麼都沒拿到時，馬德村（Mudville）沒有歡笑（譯註：語出美國著名棒球詩Casey at the bat最後一句：馬德村沒有歡笑，英雄凱西三振出局了。）當我們決定不發獎金時，人事部告訴我：『恐怕大家會走掉，沒人要留下來了。』事實上，我在那裡兩年期間，前五十名員工沒走掉半個。」

後記

二〇〇二年之後，奇基塔在降低負債、提高生產力、改善產品品質、環境品質及勞資關係上，有很大的進展。

雖然該公司還有很長的一段路要走，目前，在寶潔（Procter & Gamble）老將費南多．阿奎爾（Fernando Aguirre）的帶領之下，正朝著正確方向邁進。

傅瑞德漢賦予中級主管更多的權力和責任，要他們去檢視每一項業務和成本改善機會，使他和專案小組得以讓奇基塔的獲利回升。這些嶄露頭角的中級經理人負責診斷問題（不限於所轄部門，而是全公司），評估解決方案，並且把他們的建議方案向高階簡報。更令人振奮的是，這些建議大多會採納，並實際推行到作業上。這種參與過程，和過去的做法有如天壤之別。

當小組把這項工作推展到所有部門後，生產力的根本改善方法就呼之欲出了。傅瑞德漢說道：「如果你去計算生產出來的香蕉，有多少送到超級市場，又有多少放到消費者的手推車上，你會發現竟然不到四分之三。這實在是很浪費啊！」

管理人員找出方法來激勵農場工人、傳播最佳實務，和改變「冷藏鏈」的品質與效率。我們減少農場和港務間的組織矛盾，改善整個供應鏈的管理。過去，農場主管還要負責管理當地的碼頭，可是這塊業務並非其所長。最後，公司招募並培育具有行銷技能的人才，以提振不夠響亮的名氣，使公司成爲全球知名品牌。

也許賽瑞斯·傅瑞德在描述奇基塔所面臨的挑戰時，說得最好：「你能夠改變像奇基塔這樣企業的DNA嗎？我們可以從產銷公司進化爲行銷公司嗎？這些可都是個重大的變革啊。我相信，奇基塔可以做到。」

過度管理型：處方

過度管理型企業的改造和瘦身，目的不只是破除浪費這麼淺薄，而是經由決策合理化、加強客戶服務熱忱，和發揮創意等事項，來追求提升收益的機會。然而，要達到這些成就，需要以新的方式來進行組織重整，這個方式，不是刪掉幾個組織圖裡的方塊，而是以眞正、持續的行爲改變爲基礎。雖然我們一再強調，在調整組織結構之前，應先處理決策權、資訊，和激勵機制，但是過度管理型企業是個例外。其組織架構是如此異常，如此妨礙進步，所以我們不得不先拿來開刀。

組織扁平化

過度管理型企業爲了急於復原，而大刀一揮，砍掉中間管理階層，經常會導致大量裁員。這種不分青紅皀白的做法，很少能解決問題。雖然組織圖裡不斷增生的線條和方塊，是過度管理型企業問題的重要指標，但這通常只是症狀，而不是病因。同理，砍掉這些連接線和方塊，並不能將組織異常的問題治好，只是迫使症狀移轉到其他地方發生罷了。

我們並不反對選擇性的員額縮減，但是企業對砍除的部分要明智，並且要有遠見。避免簡易目標（例如，管理層級不能超過多少層）的誘惑。要根據工作績效、核心事業流程，和決策所需要的互動狀況等不同特性，來發展適當的組織規模和層級數目，這樣，才能讓改革的動力源源不絕。公司必須謀定而後動，先瞭解理想的組織是什麼「樣子」，不只是「線條和方塊」，還有角色、權力、控制，和責任等項目。最終目標是將組織規模「最適化」，並建立組織從上層到底層之間的新關係，以避免過去缺乏效率的惡習死灰復燃。一般而言，這需要對中間層級進行分析。

◎

還記得麥可，這位東卡鋼鐵沮喪的新秀經理人嗎？由於高層不能在他所提的中國策略上作出明快決定，所以他的專案就這麼結束了，他只好回到平常的工作崗位上，平軋產品事業本部的業務部經理。該單位負責生產平軋鋼板，銷售給汽車廠和大家電廠。

麥可爲高層的官僚誤事和缺乏效率而感到挫折，他開始檢視自己的部門，發現過度管理型企業，同樣的行爲，也存在於他的周遭。不同的是，在這裡，他可以做一些積極的改革。他可以把平軋產品業務部塑造成其他部門的榜樣。

他在週末研究了平軋產品事業本部的組織圖，發現到管理幅度和層級這個深奧的問題。就以業務部的組織結構來說，業務部有八十五名業務員，分別由十五位小組長帶領，小組長之上則有五位分區業務主管，分區主管之上還有一位國內業務主管，然後，國內業務主管之上的最高業務主管才是他。一共有四層中間主管，每位主管的管理幅度都非常窄小……而這個結構還不包括幕僚單位，諸如，市場分析、財務報表製作、資訊，和人事等。

他想起了一份由公司幕僚在去年所作的基準評比報告，那份報告裡頭有競爭對手組織結構的詳盡評比。在那次訪談中，麥可還對訪談員大聲咆哮，認爲他們根本就不瞭解部門的運作方式。那次的研究工作很快就無疾而終。麥可開始察覺到，也許自己手下那些地區小組長和分區業務主管也幫自己取了個綽號，就像他稱「黑洞巴布」一樣。

麥可重新再看了一次基準評比小組的研究結論，瞭解到他的本部，減少管理層級，不只可行，還是個不錯的做法。如果他把中間管理層級減少兩層，把結構合理化，他還可以讓資訊流和決策流程合理化，並且除去官僚誤事的問題。官僚誤事，曾經毀了他的中國合夥案。他決定在下個月針對這個新穎而精簡的結構，好好地來規劃整個組織模式。

他草擬了一份組織圖，轄下分爲八個「大區」。取消「小組長」和「分區主管」，考量地理責任範圍，每位「大區」主管領導七到十名業務員。然後他把這份組織圖暫且先放進手提箱裡，因爲他知道，組織調整，如果沒配合其他組織構成區塊的處方，難以落實。他知道這個精簡的組織結構可以發揮功能，但必須配合其他重要組織變革，才能實施。

釋出明確的決策權

過度管理型企業裡頭，事後批評的惡習四處蔓延，唯一解決辦法就是愼重而明確地釋出決策權。在這種大而複雜的企業裡，如果每項決策都由高階主管來審愼處理，既不實際，也不經濟。有關戰術的決策權，應該放在接近市場的地方，而總部則把焦點集中於企業整體問題上，諸如：人員、策略、治理、控管、資本和資源配置，以及風險管理等。結果就是精簡的企業總部，不受日常運作問題干擾，焦點放在支持事業單位上。

當然，事業單位必須接受決策權的挑戰。過度管理型企業必須制定明確的決策原則，將這些原則轉化為決策角色，並開發決策溝通工具（例如，架構、範例、常見問題），將責任順利交付出來，才能讓事業單位得到適當的授權和工具。決策權必須包括：決策之前應該徵詢哪些人的意見、誰有權作決策、決策之後應該通知什麼人，和誰要為決策結果負責等。然後，組織應該建立推動這些決策權的機制。

◎

星期一麥可回到辦公室上班，把他所畫的組織圖拿出來看，他在想，怎麼樣才能讓這組織圖和部門的運作方式產生關聯。他從收文欄開始探討。

收文欄滿滿的，東西都堆到桌子上了，裡頭有數不清的表格、報告，和簽呈。他看到一份田納西業務員的休假期延期申請書……上面已經有四個單位簽名了，小組長、分區主管、國內業務主管和人事，現在等著麥可來簽。麥可不禁自問：「為什麼要簽到我這裡？」

還有一份「呈閱」的彙總分析表，該表對六個特定客戶的業務週資料，作實際數和預測數的比較分析。他記得這份報表，是五年前為了瞭解鋼品配置特殊問題而作的；早就沒用了。然而，報表還是每月作出來，呈給每個業務主管；大家都懶得去瞭解原因。另外還有一份折扣統計表則是依客戶、業務員、小組長，和分區主管，統計折扣情形。麥可終於瞭解，基層管理人員，爲了努力討好上面渴望監控的需求，做了多少不必要的工作。結果，這些雜務造成了資訊通道阻塞和決策遲滯。

他再打開自己的行事曆來看，發現裡面滿滿的都是日常作業的狀況簡報和進度會議。例如，每個禮拜有個折扣檢討會議，會中他要和分區主管簽核每一項折扣同意申請書；還要和本部的其他單位開至少五個幕僚會議。由於這些會議參加人數眾多，大多數是在大型的會議廳舉行。

還沒到星期五，麥可就找出許多改善空間了。他開始一項一項的推動變革，先從小事做起，再逐漸擴大。他首先處理冗長的休假申請程序。他定出新規定，員工請假，經小組長同意即可。他只要看年度休假分析表就可以瞭解異常情形了。他也知道，如果要轄下的管理人員負起各單位的損益責任，那麼在一個較大的寬限範圍內，折扣就可以由他們自行決定。沒完沒了的報告和簽核，耗掉寶貴的管理時間，也把銷售和客戶服務變慢了。在新的「大區」結構下，管理人員不用再安排「進度報告」和「檢討會議」，他們把焦點放在行動計畫和支援業務團隊上。

以資訊之橋跨接信賴缺口

高階主管對其屬下工作，再三地查核，是缺乏信心的表現。他們不是認爲屬下的聰明才智不足以作出正確決策，就是認爲屬下所設定的目標、取得的資訊，或是眼光和高階主管有所不同。

過度管理型企業的資訊流通常臃腫不堪。組織階層的上方和下方都飽受缺乏正確資訊之苦。因此，醫治過度管理型企業最重要的處方就是在資訊鴻溝上搭起溝通之橋。這表示要建立強穩的溝通工具，並加以制度化，以破除資訊不能自由流動的傳統障礙。這也表示，要針對組織所重視的責任和績效表現，設立衡量指標和激勵機制。

◎

在前面提到的一家消費性產品公司裡，「怪罪別人」是最受歡迎的遊戲。一旦無法將產品依承諾鋪貨到零售通路，大家就開始推卸責任。行銷和業務部怪罪作業部，而作業部則怪罪產品開發部，產品開發部再怪罪資訊部。

在一次外部聚會裡，大家還是爭論不休，最後只好同意把整個事件作成備忘錄，這時高階主管跳進來喊暫停，說：「夠了！別再寫備忘錄了，大家要像個團隊一樣，把問題好好解決。」這是個轉捩點。高階主管轉而問產品部門：「你需要什麼資料？」他回答：「我要知道什麼東西可以出貨，什麼東西不行，還有每天有哪些貨要出給哪些客戶。」高階主管接著找資訊長問：「每天提供這些資料有什麼困難嗎？」他說：「給我四十八小時，我可以弄出一套即時系統給你。」就這樣，幫公司解決了訂單出貨的及時性和準確性問題。這個動作，加上團隊決策權以及激勵機制，幫公司把推諉塞責的壞毛病給改掉了。

在每個階層培養領導人

未曾掌權的中級主管，在還沒有訓練他們如何作決策，以及開發長期領導潛能之前，你不能要求他們接下組織的決策大權。否則，你所承擔的風險，會由「命令並控制」轉爲「失去控制」。領導能力的開發，無法在一夕之間達成，而且，如果沒有眞正地把權力分散出去，至少授予他們部分的決策權，就無法讓他們的領導能力得到發展。如果中級主管沒有機會練習這些新技能，則領導能力訓練就無異於教科書上的練習題。培養下一代企業領導人，要用很多年的時間，很多階段的練習，所以必須立即開始。

首先，你必須讓企業裡的高階人員停止微管理。資深管理人員必須建立典範，而不是去做屬下的工作。訓練下一代中階幹部把決策權授予基層主管，因爲那裡才有相關的資訊。你不能要求幹部知道所有的事情。事實上，「我不知道，但是我會查淸楚。」應該是可以接受的答案。

其次，由於傳統例行升遷機會變少了，所以要設計更令人滿意的職業前程和人事策略，以提供經理人挑戰和報酬。過度管理型企業必須引進橫向發展的想法。通過輪調，讓他們到各種不同的部門去負責不同的事情，這樣就可以培養出一群有經驗的新幹部，他們所建立的人脈基礎，很自然的就能打破部門間的藩籬。

最後，也可能是最重要的，要給績效獎金。把薪資（包括固定薪和變動部分）和定義明確的績效指標整合在一起，以鼓勵整個公司動起來，向前衝刺。「明星」級的人才要用相對等的薪酬留住他們。表揚他們，使他們成爲幹部中的新典範。

◎

到了下個星期一，麥可向他老闆——哈爾報告他想要調整的方向和觀念，希望能夠得到哈爾的支持。會中，麥可說明他合理化部門組織的作法，可以省掉「分區」和「國內」這兩個層級。「分區經理」基本上只是個頭銜，用來鼓勵績效好的業務員，讓他們有個響亮的職稱，還有一些管理上的權責，但是，坦白說，他們已經有很多人在抱怨行政工作令其頭疼，因此麥可覺得，把這些人改回原來的全職業務角色，不會有問題。「國內業務經理」則是另外一回事。這個層級是爲了東卡一位老員工——洛琳．哈索梅爾所建立的，她擔任執行長的幕僚長已經有三十五年了。她一直希望公司給她個管理職，而這個位置正是公司幫她設的。因爲洛琳已經六十七歲了，麥可建議可以提出一套不錯的退休方案給她，並且趁此機會將這個多餘的層級去除。哈爾說，他會向執行長梅爾．帕帕達吉斯解釋清楚，並且試著去探一下洛琳的想法，看她能不能接受優退。幸好，洛琳原本就一直想要移居法國南部，她認爲這是優雅的離開。

兩星期之後，麥可和他的管理團隊在東卡鋼鐵總部開會，並且說明他診治部門裡過度管理型企業毛病的處方。他先宣布洛琳決定要退休一事，並以此說明需要將組織結構，依照「業務大區」，調整得更精簡。他強調要把日常作業的責任下放到基層，以及讓「大區主管」和業務人員擁有更多的決策權。

因爲新的業務組織管理層級變少了，自然一開始會有些主管在新的組織圖裡被「降級」，而感到失望，但是麥可，爲了留住這些超級業務員，很快就提出新的獎勵系統。獎金的計算基礎改爲利潤貢獻度，而不是營業額，另外，業務員如果可以持續地從主要客戶那裡拿到訂單，還有進一步的獎勵辦法。薪資分級更爲明確，讓表現優秀和中等者有明顯區分，麥可還對「橫向升級」的價值觀念，詳加介紹說明。

這就是說，麥可知道，原本依附於「虛設職位」的幹部，會在階層制中失去地位，而難免有些摩擦；但是，擺脫多餘管理層級，是眾望所歸。

麥可對這項實驗的評價非常公允。他表示，東卡鋼鐵的平軋產品事業本部已經脫離過度管理型企業的桎梏，並展開了新旅程。他和他的幹部都希望，他們部門能夠帶動風潮，全面性地改變公司。然而，在此同時，他們的日常責任會變得越來越重大，讓他們的工作更加困難，也更富挑戰性。幹部可能要多負一些責任。

雖然麥可打算親自爲這些新授權的幹部進行密集訓練，但他在決策「法則」上，提供給學員的只是薄薄一頁的指導原則，類似「單點責任」和「爲結果負責」這種東西。他刻意不去告訴決策者要怎麼做，反而還要他們每三個人一組，關於新組織未來要如何運作，每兩星期討論一次。這些小組有：決策制定小組、報告和會議小組，以及人員能力小組等。麥可知道這些重大改革對其團隊而言是個挑戰，但是他對結果有信心。東卡問題叢生，唯一的改善方式就是由內而外。

◎

過度管理型企業承襲自「命令並控制」的管理模式，在公司早期，也許還很合適，但如今卻成了負擔。過度管理型企業無法找到自己的出路。他們對於市場變動毫無反應，甚至不會抓住機會。在如此競爭的環境中，這是致命的錯誤，尤其是對手行動快速，客戶又百般挑剔，讓市場變動的腳步更快……原本屬於他們的市場，如今卻要斷送在小而靈活的競爭者手上。

我們認爲，過度管理型企業邁向復甦之路，也許漫長而痛苦，但絕非一條死路。很多公司不僅活下來了，而且還朝向韌力調節型發展。

7
與腎上腺素共舞
隨機應變型企業：總能在關鍵時刻取得成功

「隨機應變」型的企業，
雖然對未來的變動沒有事先規劃和準備，
但在千鈞一髮之際，
常常可以展現扭轉乾坤的能力。
但它畢竟缺乏結構和程序的一致性，
既不能充分把握機會，也不能複製成功，
無法發展成穩定的競爭優勢。

這類組織對未來的變動，雖然沒有事先規劃和準備，但總還有個大方向，而且在千鈞一髮之際，常常可以展現扭轉乾坤的能力。隨機應變型企業吸引了才華洋溢而主動積極的人。通常，這種企業環境有趣、瘋狂，是個學習的好地方。這種組織，辦公室裡充滿了冒險精神，創意頻頻出現，經常會有實際的突破。但這種組織的結構和程序，缺乏一致性和紀律，所以既不能充分把握機會，也不能複製成功。成功常常只是「曇花一現」，而無法發展成穩定的競爭優勢。

雖然隨機應變型企業努力地留住人才，保持獲利，卻一直無法達到績效的巔峰。這種企業錯失機會的情形，常常是毫釐之差，而不是千里之遠；成功則常常是在千鈞一髮中得到，而不是十拿九穩。然而除了這些缺失之外，這種企業堪稱爲刺激而富挑戰性的工作場所。只需要轉換成穩定而持久的管理模式。

德博麥度夫事務所

比爾・徐是紐約一家律師事務所，德博麥度夫事務所（虛擬公司名）的助理律師，他剛掛上電話，試著讓激動的心情平復下來。事務所的合夥人，傑克・麥曼諾斯才從威訊公司（虛擬公司名）的辦公室打電話給他，這是一家大型的通訊公司，正打算對其競爭對手進行惡意收購。他們想雇用德博麥度夫事務所，但要確定該事務所具有足夠的經驗和專業來處理這個案子。比爾剛剛接到的指令是做一份事務所的簡介，並且簡述威訊的購併流程。

簡報時間是在星期一中午。而現在已經是星期五了。顯然，比爾原本計畫在週六和女友伊莉莎白去滑雪，勢必要泡湯了，但他很興奮。這正是他進入這家事務所的原因：有機會和傑克一起工作（他在面試時就對傑克那種渾身是勁、雄心勃勃的氣勢，感到印象深刻），並且有機會參與大的購併案。六個月來，他一直努力鑽研法令公報和美國聯邦電信委員會協議書。如今，總算可以大顯身手了。

比爾想，也許還有機會在週六晚上約伊莉莎白吃頓晚餐，於是他打電話問人事經理，希望能夠申請緊急助手和秘書來幫忙。人事告訴他抽不出人來，事務所裡的職員在這兩個禮拜都有任務，而且他這個案子還不能向客戶計費，所以不能找臨時人員。看來，比爾只好靠自己了。

他還是充滿了信心和熱忱。德博麥度夫在購併界享有盛名。沒錯！他們的客戶主要是石油和天然氣業，但總該有不少現成素材和資格文件可以用來強化公司簡介。他可以把時間花在研究威訊和資料裝訂上。

他進入事務所的內部網路，想找找看有什麼可以用的，結果卻發現德博麥度夫的知識資料庫，所有的資料都很老舊。合夥人簡介已經好幾年沒去更新。很多人已經離開了，事實上其中還有一位已經過世。客戶資料寥寥可數，而且和本案毫不相干。他四處詢問，所得到的回答普遍是：「誰有那個閒工夫去維護資料庫啊？你必須自己去『清理』資料、作個案研究，而這些工作都是不能計費的。大家忙付費客戶的事都來不及了。」

比爾發現這下子工作時間很難去估算了。他打算靠他在事務所這六個月裡所建立的有限人脈，去求、去借，或去偷一點東西來用。他打電話給費奧納，倫敦辦公室裡石油和天然氣業的助理律師，公司招考新人時，曾經和她有一面之雅，他問她，有沒有公司的簡介資料可以用在購併案的？她當時正忙著趕進度，但是她說會試著去找一些東西出來。他們感歎，如果事務所的資料庫可以定期維護，事情就輕鬆多了，也容易多了，尤其是他們就不用再犧牲那麼多的休假了。比爾感到心頭往下沉。接著他打電話給伊莉莎白取消滑雪計畫。他以囁嚅的聲音說，請她週末過來幫忙溜狗，並且帶些衣服來看他。他哪裡都去不成了。

當他和伊莉莎白通完電話之後，他隱約可以從電話聲音裡感覺到她很不高興。臨時通知她，取消週末計畫，這種事已經不是第一次了。同樣的，這也不是他第一次爲了該有而沒有的資料，搞得焦頭爛額。爲事務所加班，他沒有問題，但如果是浪費時間，花在毫無意義一再重複的事情上，那是會讓人怒火中燒的。

還沒到星期一早上，他就已經花了整整四十個小時了，這種簡報資料，平常，頂多只要十個小時。從石油和天然氣的案子裡，他找不到有用的購併資格文件，但是費奧納星期五晚上傳來的幾張舊樣板，他倒是可以用來放在簡報裡。他還根據記憶，找出一些事務所有關新業務的內部備忘錄，和職員會議裡大家開玩笑時所談到的一些購併案，這些都是事務所內部網路裡找不到的東西。他甚至還參考了他在耶魯法學院時的論文。星期六晚上六點，他把草稿以電子郵件寄給傑克，希望還可以想辦法和伊莉莎白一起吃個晚餐，並且在隔天早上編輯之前，有時間小睡一下。但是，當他披上外套時，電話響了，來電顯示螢幕上的電話號碼是傑克在漢普頓（譯註：Hamptons，紐約附近高級別墅區）的電話。比爾拿起電話，馬上就聽出來傑克很生氣。簡報資料並沒有照著傑克的想法，把事務所所有做過的購併案，一五一十的全部列出來。他開始像連珠炮似的吐出一長串客戶和合夥人的名字，要比爾去聯絡負責這些案子的合夥人，跟他們要資料來充實簡報內容……而且是，馬上去做！傑克要他隔天（星期天）早上七點到辦公室找他。

比爾坐回椅子上，拿出事務所通訊錄。當初他剛到德博麥度夫時，對於通訊錄上，連合夥人家裡的電話和傳眞號碼都詳細列出，感到印象深刻。現在他有點明白了。很明顯，升上合夥人並不表示週末假期就可以享受悠閒生活。當他在晚餐時間，一個接著一個的打電話到合夥人家裡去打擾時，他很訝異每個人都甘之如飴。似乎他們早已習慣這種操法。他們每個人都說，只要一登入網路，就會馬上把相關資料傳給他。於是他趁這個空檔到男洗手間的浴室（浴室是另一個可怕的辦公室警告標示）去沖個澡。他再回到電腦前面時，已經收到八封電子郵件了。

隔天早上，傑克進來之前，比爾已經把東西改好了。傑克大略看了一下，要比爾把資料傳給倫敦負責石油和天然氣客戶的資深合夥人，蕾蒂西亞．摩根，她是費奧納老闆的老闆。然後他要比爾到視訊會議室找他。他拿到研究資料和手提電腦走進視訊會議室時，傑克已經在和蕾蒂西亞通話了。接下來的兩個小時，她和傑克逐條討論文件，作了一些增刪和修改。

到了倫敦時間下午兩點，蕾蒂西亞才先行告退，因為她必須去參加她姪女的喜宴，而她已經錯過了前面的結婚典禮。她說晚上到倫敦希斯羅機場時，還會再去看修正後的資料。她搭下午六點的飛機到紐約，以便隔天中午參加客戶的會議。

比爾整個晚上都在趕工，因為蕾蒂西亞在飛機上以及下榻旅館之後，又給了他許多的修正稿。到了早上，他連忙趕到收發室去拿裝訂好的資料，然後跳上計程車，直奔客戶辦公大樓，在大廳裡和蕾蒂西亞以及傑克會合。

簡報進行得很順利。蕾蒂西亞真是令人刮目相看，特別是她前一晚只有兩個小時的睡眠時間。客戶看了傑克的書面履歷之後，非常信任傑克的經歷，傑克有效地建立了專業形象。而比爾則感覺自己像個英雄。他已經達成任務了，並且讓他的老闆和另一位資深合夥人，對他在壓力下達成任務的能力，留下深刻印象。他們順利爭取到這個案子，在離開威訊辦公室時，傑克要比爾下午休個假，好好回去休息一下。

比爾立即打電話給伊莉莎白，看看她能不能早一點出來吃晚餐。她沒回應。然後他查了一下答錄機，有一通伊莉莎白在兩天前的留言，要跟他分手，還有，她幫他把狗照顧得好好的。

◎

德博麥度夫是隨機應變型企業的典型例子。企業雖然可以實現承諾，卻總是在千鈞一髮中達成任務。這是一種相當刺激的工作場所，可以吸引人才，在壓力下仍有優秀表現，只是他們會想，這些壓力眞有必要嗎？如果知識能夠經常收納整理以供分享，員工就可以不用做一些重複的工作，也不用掙扎到最後一分鐘才脫離險境。有了充分資訊，決策能夠快速而有效地形成，對於客戶的承諾也能夠更從容、更穩當地達成。而且，企業本身也會更穩健，因爲可以依賴制度化的程序，而不是個人的英雄表現。雖然該公司爭取到這個客戶，也許也能爭取到下一個客戶，但是已有鬆動的現象發生。也許下一次，最好的創意就沒辦法放到簡報裡，而客戶也不會有好印象。也許比爾會覺得人生短暫，決定帶著上週末所學到的痛苦教訓，離開公司。隨機應變型企業必須將組織內的障礙清理乾淨，讓工作流程順暢，以確保企業健全運作、員工身心健康。

許多隨機應變型企業是新設公司，組織已經成長卻還不夠「專業化」。另一些則是頗有規模的成功企業，但已顯示出優勢逐漸喪失的跡象。即便如此，這些企業仍全力以赴，完成任務。從外表上看來，還算是高效能企業。

事實上，我們的研究顯示，隨機應變型企業裡的人普遍認爲，「重要的策略決策和經營決策能迅速付諸行動」。而且，這些企業面對市場的巨大變化，非常輕巧靈活。隨機應變型企業充滿了朝氣和能量；他們純粹靠著腎上腺素在運作。他們喜歡艱鉅的挑戰和（通常可以）成功地克服困難。

那就是說，隨機應變型企業通常喜歡全力衝刺，其實，只要用正常速度就可以了，甚至於，最好是用正常的速度來跑。經過長時間的猛踩油門，會壓迫到組織。這是一種不穩定，而且沒有持續力的運作狀態。管理人員必須去建立公司整體的作業程序，並確保績效的可靠性，以免從高峰上滑落下來，成爲老態龍鐘年久失修的企業。

隨機應變型企業：特性

隨機應變型企業除了刺激之外，還是刺激。其旺盛精力和自由創造的風氣，可以吸引非常多「不落俗套」的思想家。新鮮的想法，到處都是，緊要關頭時，還可以想出機靈的解決方法。但是企業裡的員工，往往是蠟燭兩頭燒，最後可能會燒壞了。

控制性混沌的文化

隨機應變型企業通常充滿了強烈的使命感。他們開發新領域、鼓勵革新、要做一番轟轟烈烈的大事業。他們所吸引的員工，想法雷同，這毫不令人意外。他們尋找機會，以求及早加入開發行列，取得有利地位，並闖出名堂出來。然而，這種近乎傳教熱忱的背面，卻通常是毫無章法的企業文化，其特性是決策權曖昧不明、缺乏協調，市場行動「單憑直覺和經驗」，以及普遍缺乏紀律，也缺乏整合。他們在爲截止期限和爭取客戶而狂亂掙扎時，焦點普遍放在結果上，而忽略了其中的過程。一大堆刻不容緩的緊急需求打亂了正常程序，造成「心急如焚的等待」現象，因爲太多的緊急任務在爭奪有限的資源。

大家不願花很多時間來討論組織模式，而當「總部」的人要試著來「管理」時（例如，設立定期會議、分派責任、建立程序，和對系統作投資等），他們的工作通常會遭到輕蔑。員工發現，有價值的提案，如果需要好幾個月才能落實，就很難得到大家的重視。他們認爲這些提案終究會脫軌……而他們的職業前途也一樣。贏了才算數（而且得到報酬），他們的企業文化非常重視實際成果，近乎迷信地依賴幸運符和求雨大法師。然而，就一家經常「魯莽蠢動」的企業而言，隨機應變型企業的績效還算是令人刮目相看。

◎

一九九六年，當提姆・施萊佛（Tim Shriver）成爲國際特殊奧林匹克運動會（Special Olympics，下稱特奧會）執行長時，他全力衝刺運動會，結果卻只能原地踏步。雖然特奧會人員對工作具有使命感和熱忱，運動會卻逐漸失去動力。施萊佛的母親，尤尼斯・甘迺迪・施萊佛（Eunice Kennedy Shriver），三十年前在芝加哥戰士球場（Chicago's Soldier Field）從一千名運動員開始，已經發展成全世界一百五十個國家一百萬名運動員參賽的運動會。該會的組織和資源相當薄弱，員工和志工經常有無力感。位於華府的總會無法滿足地方分會對培訓計畫的要求，而資訊也無法在總會和世界各地的培訓計畫之間流通。大家感覺到運動會的前途渺茫，並不是因爲缺乏興趣和熱忱，而是因爲組織的缺口和運作失常。

「雖然我們有很多值得驕傲的地方，我們卻不再成長了。」施萊佛說道：「我們已經將使命的力量和創辦人的領袖魅力，發揮到極致來舉辦運動會。我們穩健、受歡迎，但是對於成就，也許有些過於自滿。成長才是我們永續傳承和保持活力的關鍵。

「我們的使命從來就沒有造成困擾。」施萊佛說：「事實上，那還是非常龐大的資產。你可以到坦尚尼亞的農村，走到穿著特奧會運動衫的志工前面，問他：『你爲什麼願意做這些事呢？』他會將使命琅琅上口。他會說他要透過經年累月的運動訓練和比賽，來協助智能障礙人士發展體適能（physical fitness）、展現勇氣，和體驗歡樂。」

施萊佛很快地就發現，雖然高貴的使命，過去數十年來，激發了全世界成千上萬的人自願奉獻時間和精力，卻不足以讓一個全球性企業維持不墜，並進一步成長。特奧會組織依循其使命的力量和創辦人魅力，成長至今，但也已經發展到這些特質所能達到的極限了。

「我們的使命並不會造成困擾。」施萊佛重複道。「我們的困擾是，我們缺乏一套維持全球性企業運作的商業程序和明確組織架構。我們擁有的使命足以引爆全球的能量。可是我們總會的組織力量卻不足以維繫這份能量，並且協助各地分會來擴展這份能量。

「我的想法是，既然總會也是運動會裡的成員，在領導決策上，應該可以有效地創造所有分會的責任感、認同感，和建設性參與，這個想法當時覺得問題不大，相對上比較好掌握，但事後發現遠不如想的那般簡單。」施萊佛說道。

特奧會各地分會，並沒有適當的管道來和總會溝通他們的想法，相對的，總會也沒有適當的管道來和分會溝通組織的方向和目標。「來來回回的資訊流非常特別，會因爲誰認識誰、誰打電話給誰、問什麼問題，而有所不同。在這種情況之下，我們想要推動的方案，就很難獲得分會的信任和支持。」

很清楚地，特奧會必須把文化轉型，才能在組織上建立扎實的營利品質。誠如施萊佛所說：「這張票，可以讓我們發展成更強大的團體，支應運動會改善生命的福利金，直達草根層次。」

當「俠客」遇上經理人

隨機應變型企業裡有兩種不同的族群：勇於冒險犯難的「俠客」……和謹慎而專業的經理人。俠客對於企業裡鬆散環境和緊迫資源有某種程度的偏愛。他們喜歡激情飛躍；血液裡流著的是追求刺激的渴望。加上他們發現工作很有成就感，因爲他們的工作，不是利潤豐厚就是對公司有重大意義。毫不意外地，這些俠客是公司文化的要角，他們帶來了驚險刺激的快感和能量。

而經理人，則相對的，在維持組織運作。他們雖然缺乏道地的激情，卻以紀律和管理技能來補其不足。和那些俠客同事相較，他們更爲穩健、可靠，和一絲不苟。隨機應變型企業的「全壘打」要歸功於俠客；然而穩健營運卻是經理人的功勞。這種企業所面臨的基本挑戰是，如何在俠客的本能，和經理人的長期財務紀律觀點之間取得平衡。不用說，這相當難拿捏。

◎

二四／七客服公司（24/7 Customer）的董事長兼執行長P·V·坎楠（P. V. Kannan），知道調和隨機應變型企業裡的俠客和經理人問題是多麼的困難。「我認爲在第一階段就進來公司的人，多少都還留有創業時期的精神。我想，那已經成爲他們心靈的一部分了。他們覺得：『這是我的，該由我來管。』相對的，另外一些人卻說：『管理，就是我的工作，而且我要好好的做出成績來。』」

二四／七客服公司成立於二〇〇〇年四月，如今已經成爲提供大型企業全球客服解決方案的領導廠商。該公司通過許多設於印度的電話客服中心和後台作業中心，協助保險公司處理理賠事宜、爲信用卡和長途電話公司進行電話行銷、替電腦製造廠提供技術支援，以及其他許多服務項目。二四／七公司五年前由坎楠和外號納格斯（Nags）的納加拉揚（Nagarajan）兩人共同創立，營業額由零成長至五千萬美元，員工由二十名成長至四千名，目前，全球五百大企業有一大部分是該公司的客戶。

該公司一向能穩定地贏得品質美譽和客戶認同，但是飛快的成長，已經讓公司付出不小的代價。當新人到職時，如何激發他們，訓練他們，使他們有能力爲公司成長作必要的決策，已經越來越困難了。

「這家公司的成長實在是太快了，身爲執行長，我試圖去解決這個大難題：要如何做才能把公司裡的每一個人整合在一起？當我們每個月以一百名、兩百名的速度招募新員工時，我要如何才能確定，他們知道應該要做些什麼事情，而且把事情做好？」

俠客那種「一味求快」的態度，在早期，吸引嘗試性客戶也許行得通，但是面對要求嚴謹的大企業，恐怕就不行了……而坎楠很清楚這點。遊戲規則正在改變，誰能以可預測和可擴增的企業模式來經營，誰就能獲利，尤其是可擴增性最爲重要。

「成長，產生了一系列我所謂的好問題。」坎楠說道：「而問題裡頭的重點，可以促使我們把焦點放在目標上。隨著成長，我們必須把新人的招募流程，做成一套制度，而且，還要讓他們知道二四／七是家什麼樣的公司，因爲每進一批新人，納格斯和我就離前線更遠了。最近才進來的一百人，他們和創辦人以及管理團隊的接觸機會，會比前面進來的一百人還少。這是成長所不可避免的代價。

「現在我們每天都還要持續地解決一些問題，但我們也已經知道，我們必須變得更有章法一些。」坎楠說道：「我們要確保，在購併整合上，我們已經建立了穩固的基礎，對於各種區域性變化，也有一套管理方式，非常標準，也非常一致。我們的內部程序還要做得更扎實。而且這些作業程序，全部都要整合起來。至於牛仔精神，則應該要慢慢地揚棄了。」

同時，公司要保留這些「牛仔」所帶來的能量和熱情。坎楠講了一則故事，有一位早期就進來二四／七工作的組長，最近在一次公司所舉辦的外部聚會上，跑來找坎楠說：「我們現在來了一大堆的專家，他們的確也已經把我們的作業調整得更好、更順暢。現在我們花在救火的時間變得很少了，所以，眞的是有改善。可是，這些專家看起來好像沒有什麼熱忱。」

坎楠解釋說：「隨著公司成長，單靠熱忱做事的人就變少了。現在我們有不少人很會做事，卻未必有同樣強烈的歸屬感。」

坎楠又講了第二個老組長的故事，這位組長找來一份分析師的報告，用電子郵件傳給坎楠，並指出其中一些錯誤，內容和事實不符。「我感到非常驚喜，首先，他竟然有這份報告。這份報告可不是到處流傳的那種，因此，他一定是從我們的圖書館裡找出來的。其次，他讀了這份報告。第三，對於我們沒有及時更正，發布正確訊息，他感到相當懊惱。這種態度，在管理團隊中，我很少見到，而且他到現在還覺得必須把更正訊息發出去。

「那就是說，隨著二四／七成長進化，大家也覺得我們的事業風險很小，於是，我們開始可以吸引優秀的專業人才。求職者的水準不斷提升，剛好，我們正需要這些高級管理技能，他們可以帶領我們，進入下一個成長階段。」

凡事都要重起爐灶

雖然這類公司，也許可以在部分員工的創業熱忱之下，一時領先同業，但他們卻發現，要有效地複製成功模式，推廣到不斷成長中的各個部門，相當困難。由於公司並不能把最佳實務有效地轉化爲制度，並且整理知識庫，所以像我們的助理律師——比爾這樣的員工，就得浪費時間重起爐灶，把整件事情重頭做起。可擴增性（快速增加作業量而不犧牲品質的能力），不只在公司內部是很重要的考量，即使公司想要以相同的服務水準，滿足大客戶不斷變動的需求，也很重要。顯然，凡事都要重起爐灶，在成本上隱含了無法達到規模經濟的問題。

另一個不是那麼明顯的潛在問題是，營收可能會減少，因為有些浮動客戶，會轉而尋找「知名的」以量取勝廠商，他們雖然不是那麼有才華，卻有能力提供穩定的服務。隨機應變型企業站在陡坡頂上，隨時可能會滑落下來。好消息是，隨機應變型企業可以用結構化的方法，來傳播最佳實務和擴充作業能力，進而重新站上成功基礎，充分贏得客戶信心。

◎

起初，二四／七客服公司新進客戶比流失的還多，因為該公司的產品超優，而且還擁有技術上的優勢，能以低廉的成本來提供很好的服務。然而，當企業流程的外包業務（即，把客服這類的後台作業委託給專業的廠商來處理）不斷成長，而且大公司開始進來委託時，二四／七公司那種特殊的執行風格，卻讓新客戶的成本不斷地上升。許多潛在的客戶會擔心該公司無法可靠地、可預期地複製以往的成功模式。該公司有太多的事情都要重起爐灶。

「第一批客戶都是風險接受者。所以他們來找我們時，通常會說：『聽好，我已經說動執行長了。我們想要試一下，但條件是，我們要在兩個禮拜之內開始。』他們提出許多不切實際的啓用時間和學習時期。而我們團隊都可以一一達成他們的要求。」但是，坎楠不久就知道那個階段結束了。「財星五百大企業可不想聽到『應該沒問題，我來想辦法。』或『這批貨通常要兩個星期才能交件，但是我可以想辦法在三天內搞定。』這種話，他們要的是可預測性。

「有家大型電腦製造商評估了我們過去十八個月的狀況。」坎楠回憶道：「他們說：『這樣吧，我們要你證明，你們可以在二十四個月之內把規模擴大到數千個人。』這家電腦製造商並沒有質疑二四／七的技能（例如，及時回應電話的能力、技術支援能力等），但是卻要求我們在短時間內，毫無差錯地招募、籌設，和訓練幾千名電話客服中心員工的能力。他們要看到執行系統是建立在可靠的制度和程序上，而不是個人秀。二四／七已經簽下這家電腦公司的案子，我們希望在十二個月之內，把規模增加到一千人以上。」

◎

當特奧會從尤尼斯・甘迺迪・施萊佛在宅邸舉辦的夏令營，成長為全世界包括一百五十個國家，一百萬名運動員，經年舉辦的運動會時，對於組織紀律以及可重製、「統包」的訓練和培訓計畫，需求便日益明顯。然而，該組織仍舊花了很長的一段時間，才把「一切都要重起爐灶」的毛病改掉。我們就以培訓計畫的評估工作為例來說明。

在總會還沒採用衡量指標進行改善之前，特奧會的績效評量系統簡直是隨便到無藥可救的地步。每隔兩年，一組特奧會的職員會飛到某個國家，撰寫好像是趣聞觀察的評估報告。「我們發現派出的是：一名立陶宛運動導演、一名墨西哥公關經理，和一名肯亞執行總監，還有一名總會職員隨行。」施萊佛回憶道：「而且他們全部都飛到波蘭觀察四天，他們觀察賽事或參加當地的董事會，以及採訪一些人。他們的工具很簡陋，以致他們會問這樣的問題：『談一下你們的志工訓練情形。你們的董事會發展如何？』諸如此類。」

組員會把報告寄給董事會，或者寄回去給波蘭的執行董事，並以敍事性方式，描述他們對培訓計畫效益的印象，以及，他們喜歡哪些部分，不喜歡哪些部分。「事後再來看這件事，你會認爲，他們的工具眞是原始到不可思議的程度。」施萊佛說：「而且沒有兩份報告結構相似。因此，你很難去看一看波蘭的報告，然後再去看一看西班牙的報告，並且作實質的比較。報告非常主觀，所以也就沒什麼價值。其次，缺乏標準化的衡量指標，所以無法作標竿評比和客觀報告。第三，組織的十二項關鍵功能相關問題，沒有檢查表來複核。第四，這些報告很難分享，供別的案子參考。我們一年大概要作三、四十份左右的報告，但我們也只能把這些報告束之高閣罷了。」

救火救到精疲力盡

在隨機應變型企業，對於緊急事件的感覺特別強烈。每件事都是「生死交關」，而這些刻不容緩的緊急事件，當然要比爲明天「鋪路」的事，來得重要多了。每天都有新的火災事故等著去搶救，而且，這正是大家注意力集中的方向，雖然昨天的火災餘燼仍舊悶燒未熄。一天工作十六小時和凌晨兩點的電子郵件，司空見慣；有些車子從來沒有駛離公司的停車場。雖然隨機應變型企業的員工，對這種英雄作風，有種古怪的驕傲，但他們畢竟不是鐵打的身體，終有損耗殆盡的一天。畢竟，人類的身體並不適合在馬拉松比賽裡作全程衝刺。

在公司早期，這些英雄聲名大噪，其實，也算是實至名歸。因爲他們把事情搞定了，也許不怎麼優雅，卻還是可以交出成績來。然而，隨著公司日漸成熟，事件倍增，這些「快而骯髒」的修補辦法，也就漸漸失靈了。出現失誤。事情的優先順序也被模糊了。而且，很快地，不只是員工損耗殆盡，連客戶和供應商也對公司如期交出合格產品的能力，逐漸感到緊張起來……一而再，再而三。

◎

特奧會不只是每兩年舉辦一次的夏季和冬季世界賽事，而是常年地在全世界舉辦數千項的訓練計畫和運動主題，包括二十六種夏季和冬季奧林匹克式運動，到二〇〇四年，已經有一百七十萬名運動員參加。這麼大的活動，協調和後勤支援，就是該會數千名全職員工以及全球約一百萬名志工的工作。

上次在愛爾蘭都柏林所舉辦的夏季國際特殊奧運會，堪稱二〇〇三年全球最大的體育活動。來自一百五十個國家，超過六千五百名運動員，總計有十八項正式比賽以及三項表演賽。開幕典禮超過七萬人，還有數百萬人在電視前收看。

多年來，特奧會的國際賽事不斷地成長，已經成爲大家關注的焦點，同時也悄悄地讓總會把注意力從平凡、常年舉辦的活動項目，移往世界大賽。世界大賽舉辦之前幾個月，關注焦點全放在這個大型盛會上……而忽略了其他的活動和運動。結果，主辦人員負荷過重，而且總會也忽略了社區賽事的重要性，從亞特蘭大到安卡拉等城市的社區型活動都是如此。雖然運動會不斷地創造出豐功偉業，該會卻仍然只能依賴員工，他們忠心耿耿，竭盡所能的奉獻心力。一九九〇年代末期，員工和志工都同感心力交瘁，運動會也有衰微的風險。

特奧會：慈善「事業」

所有的組織都要和組織ＤＮＡ搏鬥。非營利事業也不例外。決策權、資訊、激勵機制，以及組織架構等，和慈善活動的執行效力息息相關，這點，和企業界是完全相同的。特奧會基本上是個「健康」的組織；隨機應變型組織落在企業ＤＮＡ分布圖的「健康」區域，但也「只是剛好」落於此區而已。其四項構成區塊，每項都有許多的改善空間。

在特奧會的案例當中，缺口相當明顯：

- **決策權**。不論就責任或程序而言，都不明確。裡頭的人通常不知道要負什麼責任，也不知道績效如何衡量。
- **資訊**。由於缺乏資訊的基礎架構或正式的資訊傳播功能，所以組織內部要良好的溝通非常困難，導致各國培訓計畫、地區分會（例如歐洲），和華府總會之間的關係緊張。關於培訓計畫，備忘錄這種書面作業到處氾濫，但眞正的資訊分享卻付之闕如。
- **激勵機制**。由於是非營利機構，在資金有限的環境下，該會對於大多數志工和相對上較少的職員，不管是協調或激勵，都難以得心應手。雖然同儕評估程序可以讓不同國家的培訓計畫有互動的機會，眞正的合作機會卻很少。地方分會，因爲資源不足，所以在發展重大培訓計畫的工作上（例如，運動、募款、組織發展，和公關等），缺乏適當的教育訓練。

- **組織架構**。華府總會和各分會的活動沒有聯繫，分會認爲總會太龐大、太美國觀點，也太昂貴。

特奧會以往是個隨機應變型組織。從各種外部標準來看，所有成員的期望該會都能符合，而且該會也有一群優秀的員工奉獻心力。然而，基本上，該會陷於一種困境，對於全世界各分會已經一再重複發展出來的事項，常常還要再重起爐灶，從頭做起。「我們的日常運作和策略元素，看起來就要被危機給擊潰了。」該會的人員說道。

地方分會除了希望華府總會能夠給予精神鼓勵之外，還需要他們的實際領導。「當各國分會遇到挑戰的時候，我們卻不能好好的回應。」施萊佛回憶道：「我們其實毫無招架之力。我們收到一大堆傳眞，而這些傳眞就好像掉進了黑洞裡。我們明白特奧會的使命在於改善生命，但我們卻沒有足夠的組織力量來推廣這個概念。」

施萊佛知道，員工非常瞭解特奧會的使命和價值，並且明顯地受其激勵，但是組織缺乏基礎建設和整合，卻讓人在實現理想時，感到挫折。大家慢慢地瞭解到，最大的挑戰是：特奧會必須在不影響公共服務的使命下，像「企業」一樣地有效營運。

誠如施萊佛回憶道：「當時，營運週期所產生的資金收入一直在成長。這項訊息對我產生了震撼。在此同時，大家認爲成長不是我們這種組織所要追求的挑戰，我們是做好事的人，不能像精明的生意人一樣，每兩年讓業務成長一倍……這讓我感到挫折。我們應該培養緊急意識，並且發展企業家精神。」

施萊佛引用華倫・巴菲特（Warren Buffett）的話來界定慈善事業與一般企業：「我關心的是畫家，而不是作品。」施萊佛說道：「根據我的觀察，非營利事業把所有時間的焦點全放在計畫上，也就是放在作品上：我們的粥場一天可以布施多少人？女性中途之家有多少床位？我們在癌症醫療上的進展如何？

「他們卻沒有花一點點時間在創造作品的畫家身上……去關心組織本身，以及組織是否健全。他們不願花時間來發展會務、加強訓練容量，和計畫。他們只是把所有的精力放在如何讓庇護所可以再多提供五項服務……精神固然可敬，卻失之於短視。」

施萊佛以他身為公益教育者和專業人員的經驗說道。「通常我的忍受時間長度為三小時到一個星期。我真的不是很有耐心。到現在還是一樣。」施萊佛承認道。「但是我心裡很明白，我們的狀況應該要下猛藥了。我必須知道在什麼地方，什麼狀況下，誰要做什麼事……以及如何破除這一切惡習，哦，還有，更會作計畫。」

特奧會領導人員必須讓組織結構和管理方式轉型，並且讓深厚的潛能發揮出來。就像施萊佛所說：「我們不負使命，我們的領導有計畫，非常不錯，也能讓大家接受。儘管我們的訓練容納量有限，卻可以在預算限制下充分發揮。我認為我們只要再改進一個小缺點就行了，那就是，我們要怎樣才能讓資源作最有效的運用，並且取得大家的共識？」

隨機應變型：處理

隨機應變型企業屬於「健康」型：能夠解決問題，而且可以讓員工感到興奮，在學習上有收穫。但是其營運方式，卻讓組織有陷入精疲力盡和「不健康」狀態的風險。因此，治療方式應該著重於預防措施而不是下猛藥。這種類型的企業，應該不用作全盤改變，而是對企業DNA作一些調整，以成爲整合更好，層次更分明，並可以自我修正的組織，員工也明確知道企業的要求。由於這種組織經常依賴特殊員工的技能和才華，因此需要建立一套明確的決策權和程序，以導引這些明星的活動，甚至於培養更多的明星。隨機應變型企業不應該在開闊的原野上衝刺，而要行駛在有護欄的柏油路上，才能減少損耗，更穩健地向目標前進。

責任和程序紀律制度化

特殊的決策方式，所獲得的效果無法維持一致性；組織必須引進結構和紀律，才能讓成果持續。管理當局應該清楚明白地規定，誰做什麼事，以及如何做。這表示要去釐清決策權，並以合適的系統和資訊去支援決策人員。組織不只要明確規範業務程序，還要確保這些程序可以井然有序地整合在一起。隨機應變型企業已經證明有能力來發揮績效……現在則要進一步去證明能夠持續而有效地發揮績效。不容再有自相矛盾的命令來調動部隊，或是人力浪費。

可靠性、可預測性，和穩定性是新的三大「標語」。當然公司的政策和程序偶爾會出現特例，但是這只是規則上的例外，而不是標準作業步驟上的例外。簡言之，隨機應變型企業必須致力於均衡而嚴格的健身計畫。

◎

還好，二四／七客服公司的經營階層發現到隨機應變型的行爲跡象，並尋求適當方法以調整決策權和激勵機制。「我們並不是以特殊的方式去處理問題，而是引進程序導向的決策架構。把問題一一確認清楚，然後分別交給不同的功能性部門主管。我們有期限限制和追蹤機制。我們採用小組方式每週檢討未完成事項，並問：『哪些事情需要我們一起去處理？』」創辦人兼執行長P・V・坎楠說道。

該公司有條不紊地找出了一百五十種日常運作程序，加以定義，並且把責任指派清楚。P・V・坎楠設了週一經營會議，議程紀律嚴明，範圍含括所有的績效項目，但眞正重點則放在異常事項上。誠如坎楠所描述：「如果某人正在進行客戶服務計畫，那麼，他就必須爲其他的小組成員編制一套『儀表板』（以便一目瞭然），顯示出計畫收入、獲利能力，各種服務水準協定（SLA, service level agreement）指標，以及，一定少不了的，未完成事項。典型的未完成事項也許是：條件太嚴格以致招募人數不足。這項問題的『負責人』會很明確的指定並列出，而且還定出解決期限。而解決方法是以定義明確的作業程序來執行，不再以特殊任務方式指派給某個人。

「如果程序無法解決問題，或是進度落後，那麼我們就要好好地討論一下了。但是如果問題找到了，則可以由程序來處理，如果一切順利，那我們就不要再浪費時間談這個問題。」結果相當驚人。「如果你看到我們四個月前的情形，我們每星期每項計畫有六十個問題。如今則不到二、三個。」坎楠說。

二四／七公司除了為一百五十項公司程序設立明確決策權之外，還把作業實務——不是計畫——重新組合，使公司將焦點放在具有競爭優勢的特殊專業領域上（例如，理賠處理、來電客服等）。該公司還將資訊流鬆綁，讓基層主管取得營運所需資訊以及公司的財務報表。新資訊系統不只是將工作流程合理化，還能促進合作，傳遞最佳實務。

P・V・坎楠和共同創辦人S・納加拉揚已經很確定要把大權移轉給二四／七客服公司的下一代。事實上，這也是少數他們兩人勉強認為應該歸功於自己的事。「員工和團隊，在服務客戶的責任感上，已經有顯著的改善。」坎楠說道。「如果失敗了，納格斯和我會從旁教導，但不會接手去解決問題……多數情形，還算不錯。」根據坎楠的說法，把自己綁在日常決策問題上「是最浪費時間的人」。

「我告訴員工：『注意了，如果你常常和我在一起，那就不妙了。』而且我一再強調這件事。如果有員工說：『嘿，不錯。我和你講話的時間越來越多了。』我會說：『你搞不清楚，這真的不是好事。如果我有六個月都沒找你講話，那才是天大的好事。表示你沒有要我緊急去處理的問題。』」

◎

提姆．施萊佛和特奧會董事會瞭解到，領導世界運動會不能再單靠領袖魅力，因此建立了一個正式而且權責清楚的組織模式。他們以不同的標準（例如，使命與策略的配合度、可行性、彈性、風險，和資源運用情形等），評估了許多的組織模式之後，最後施萊佛和特奧會董事會選擇了一種混合模式：責任和控制集中於中央，作業上則把權力分散到地方。他們設立了七個區，日常運作的決策權和地方培訓計畫就交由他們負責。同時，總會把焦點轉向策略問題上：認同與使命、衡量指標和責任、募款、整體容納量建設，以及知識移轉等。簡言之，總會變得多領導，少動手。總會將決策權力授予區總會和各地分會，並提供他們工具和協助資源。

透過區域團隊的自治和創業精神，並專注於訓練、賽事規劃、比賽，以及其他運動事項上，新模式可以把重點放在優質成長上。而一般作業（和教練、社區組織，以及各地的運動員息息相關），在充分授權之後，也更能夠達成目標，並擴展運動會範圍。

各區的執行董事可以自行籌組當地的成長團隊，以進行運動員招募、建立常年培訓計畫，以及募款等。雖然華府總會對於各區的各個發展階段，有一定的要求標準，但最後，還是要由當地的執行董事，依據當地的實際資源和能力，來決定如何達成特奧會目標。

另一方面，課程開發則集中於華府總會以及幾個行政支援單位，如此才能發揮規模力量，達到最適效率。就人數百分比而言，華府總會的規模變小了，而各區則成長得更茁壯。目前，各區的功能性職員和總會的功能性小組之間，以矩陣管理方式來維繫。

施萊佛很驕傲地描述其組織：「把那些雜項技能從總會移出，放到各區裡（讓總會可以充分專注於使命、策略，和知識管理），始終都是一個高明的想法，而且帶給我們很大的改變。各區的辦公室就是在這種組織下設立的（各自依照其區域特性，選擇他們所重視的公定培訓課程），負責傳播知識和培養當地的領導人才。如今，我們有強大的在地領導人才，他們在當地頗受尊崇，能夠幫助我們發展會務，投石問路。我們還在進化，但我認爲，這塊是我們目前發展得最好的部分。」

華府小組設立了特殊奧林匹克大學（Special Olympics University），作爲全球培訓課程的資源中心，這是中央集權組織所做最有效益的事。他們還建立了各種程序，推動知識分享、績效管理和衡量指標，以及領導技能開發。策略規劃程序在重新設計過之後，把地方計畫和全球運動計畫明確地連結起來。

隨口答應，不能當眞……要他們作出具體承諾

由於隨機應變型企業早期成功地完成許多艱難任務，他們很容易就掉入輕易承諾的陷阱。員工很容易就把「是的」這句話脫口而出，其實有責任感的回答應該是，「我不知道，我會查明後再向您回報。」隨著隨機應變型企業逐漸成熟，其組織模式和計畫過程也應該逐漸成熟。作承諾之時，公司應該考慮制度上是否可以持續而重複地完成任務，不應該把自己看

成一群奇蹟創造者。單靠少數人精力是很危險的事情，組織應該加強他們的工作能力。例如，如果德博麥度夫法律事務所能夠有更扎實的知識管理網路系統，比爾就可以省下不少時間。這種企業應該對每週、每月、每年的工作設定輕重緩急的次序，並依序運作。各階層員工都應該明確地知道公司對他們的要求，事實上，這些要求應該要書面化以備未來參考。應該建立回饋迴路和跟催提醒機制，專案才不會被疏忽掉，而經理人交給屬下的工作和決策，更應該要嚴謹地追蹤執行情形。激勵機制應該明確地反映目標達成情形……而不是緊急救火次數。組織應該將短程衝刺的腳步調整爲馬拉松的步調，以確保公司長期「健康」狀況。

◎

二四／七客服公司裡，自動「答應」和「一味求快」的問題仍然是個困擾，但是坎楠持續地要求管理團隊，希望他們對預計成果作出承諾時，要坦然以對，結果，其企業文化已經慢慢在調整了。坎楠說：「有一次，我們打算把某個大客戶的作業量提高，我問作業主管，在相同的績效和服務水準之下，是否可以在短短的四個月之內把作業量提升爲三倍。他回答：『可以，但是有些前提要能成立才行。』這還不夠好。我們不能作條件式的承諾。你不是做得到，就是做不到。

「於是我強迫他表明立場。當時的情形是這樣的，在整個經營團隊面前，我說：『聽好，我們不能接受這種說法。你是在逃避。你要不就找出問題，告訴我無法達成目標，要不就告訴我：哦，我已經準備好了，這個決定我很清楚。我可以百分之百負責這件事。』

「我想，我就這樣逼他去負責這件事了。而且這件事還向在場的每個人釋出明確訊息。後來，那個案子就從來不需要我去操心了。我知道沒問題，就是這樣。」

接通組織的腦力，源源不絕的發揮

隨機應變型企業的能力和承諾，就制度化精神而言，必須將其資訊理出章法來。企業裡的俠客，在挫折感越來越大之前，願意一再從頭做起的次數有限。當你二十三歲時，熬夜趕工也許很有意思，但是當你三十五歲，或四十五歲時，可就不是這麼一回事了……尤其是工作毫無意義時。如果眞的想要接通公司裡的重要腦力，讓他們源源不絕發揮，就不要把他們浪費在文件排版和週末緊急加班上。一旦發展出有價值的模式，或模版，或設計觀念，或客戶觀點，或最佳實務，切記要將其變成公共財產——組織裡所有的人都可以免費取用。花點時間建立員工所需的資訊，他們省下的時間會更多……而且可以用來爲客戶作更好的服務。

◎

「在特奧會總會，關於資訊，我們的角色有兩種，理論上，我們知道這兩種是不同的，可是實際上，卻沒有分別。」提姆．施萊佛說道：「第一種是資訊收集，例如，編製教材和專業知識……彙集最佳實務等，我稱之爲知識中心。這整個功能（收集、包裝、分類，和資訊再包裝以利分送等），我們知道，這是我們應該要做的。

「第二種資訊角色是資訊移轉（更正式的教育訓練），顯然，這也是我們的責任。我們必須作排程、會務擴展，和公關的訓練。因此，我們不只要瞭解並管理知識，還必須去訓練其他的人來使用知識。然而，我們卻以相同的部門（主要是體育部、公關部，和募款部），相同的人來做全部或部分的工作。

「我永遠記得那些來自現場人員的抱怨：『我們打電話給體育部，希望能得到某種運動指南的資訊，而承辦人卻出差去歐洲了。他連接個電話都沒辦法。』我心裡想：『他當然要去歐洲。他是負責教育訓練的。要不然你要怎樣？』

「例如，要求某個人既要成爲運動領導計畫的教材作家，同時還要求他從新加坡到舊金山全球跑一遍，去訓練人員，我的確低估了這兩者之間的衝突和複雜度。」

針對這個資訊問題，特奧會把課程編製和教育訓練區分開來：課程編製集中由總會負責，而訓練工作則交給各區分會執行。該會將各種功能性專家集中於華府，由他們編撰客製化訓練模組（例如，培訓計畫、募款、體育教育等），作爲各地的訓練教材。以運動專家爲例，他們在總會把光碟教材做出來，然後翻譯成各種語言，寄到中國、非洲，和俄羅斯等地，協助當地的講師去訓練特奧運動員踢足球、地板體操運動，或是打高爾夫球。

特奧會不僅僅改善了人力資源的資訊問題，他們還建立了令人印象深刻的資訊架構。眞的，現在特奧會的知識分享系統，讓其他非營利組織羨慕不已。「我們的資訊系統非常非常的先進，特別是對非營利組織而言。」施萊佛說道：「當我把這套系統展示給其他非營利組織的朋友看時，他們的眼睛瞪得大大的。發出『啊哈！』的讚歎聲。你必須要有多年教育經驗，才能深切體會出這套系統在組織長期發展上的意義。

「我們還有很多地方做得不錯。」他繼續說道：「我們的組織評估工具（我們稱之為培訓發展系統）是個奇妙工具。主機放在華府這裡，資料經常維護更新，而且各分區非常有效地使用這套系統。這是我們的寶貴資產。」

特奧會新的知識管理網頁，內容不斷地在充實加強，還翻成多種文字。任何人都可以從世界任何一個角落，上來網站瀏覽所有資料，從最佳實務到他們所發行的勇氣雜誌（Spirit）期刊。

「我們的資料也許沒辦法做到像營利事業那樣的量化程度，但是資料的扎實和豐富程度，可是一點兒都不遜色。在我們交談的同時，我可以進入知識管理系統，找出波蘭的組織檔案，告訴你非常多有關那個國家培訓計畫的事情，遠超過你的想像。」

這套工具不只是可以將世界各地培訓情形，清楚而透明地展現出來，而且，更重要的，透過資料填報和各地成長計畫的設定過程，這些培訓計畫更為充實。

「幾乎單靠直覺就可以讓計畫編寫工作，有一致的架構，因為系統會問你：你目前在董事會發展的第二階段。你必須填完下列三項，才能進入第三階段。不用奇怪，你會看到這三項顯示在你明年的計畫中。」施萊佛說道。

特奧會必須切實掌握世界各地曾經參與過該會活動的運動員人數，才能為優質成長這個目標作準備，因此特奧會作了第一次的全球特奧運動員普查，並且得到了寶貴的運動員統計資料，包括地區、國家、運動項目、年齡，和性別等。董事會就是因爲看到普查資料顯示，在二〇〇〇年，已經有將近一百萬名運動員參加過特奧會活動，所以才立下了在二〇〇五年年底以前，讓人數倍增的宏願。（例如，在東亞，其目標是由二〇〇〇年的八萬三千人成長爲二〇〇五年的五十萬人。）這樣做，他們實現了承諾，成爲一個由運動員領導的國際運動會，並且改變了世人的想法。

特奧會將焦點放在三大標準——成長、品質，和創新，採用各種指標（例如：運動員人數、募款情形、知識分享等），發展出一套精密的績效評量系統，以評估策略目標達成情形。目前，他們根據這些指標來評量運動員和培訓計畫。每項計畫，分別就這些功能領域，評定出四個等級，從「開始階段」到「非常成熟」。

施萊佛解釋說：「我們讓分會自行評量他們的計畫，並且運用電子工具作進度報告。這個想法是讓計畫在自我監控的同時，也可以讓所有的人看到所有地區的評量資訊。結果，計畫檔案可以提供量化指標（例如：賽事數量、運動員人數、註冊家族數量等）和各種功能領域評等，讓你瞭解計畫的情形。」最近該會正在修正績效評量系統，進一步採用「平衡計分卡」(balanced scorecard) 讓主要指標一目瞭然。

切勿良莠不分，全部拋棄

隨機應變型企業在引入專業程序和結構時，還必須保留過去的成功要素，即創新和構想的活力。在建構可靠而穩定的事業模式時，他們應該繼續培育創造力和創業精神。這點，在拿捏上很難取得平衡，當你試圖把冒險慾望和初期警示系統融合在一起時，潛在的文化衝擊是相當的明顯，可是，還是有不少的企業轉型成功。適當調合的激勵機制能夠扮演關鍵角色。在理想狀況下，隨機應變型企業可以在紀律、敏銳，和耐久的專業程序下，保留其市場導向、靈敏，和快速回應的先鋒精神。

◎

P・V・坎楠談到，在對成熟的事業宣揚管理紀律和推廣最佳實務時，必須保留新事業那種「牛仔」創業精神，他說道：「在開發新領域時，我們仍然需要牛仔精神。如果二四／七客服公司要到海外設立一些東西時，我會大搖大擺的像個帶槍牛仔。」在新領域上，公司若要建立成功的作業，就必須仰賴機靈而主動的俠客，他們讓二四／七公司在印度運作得非常成功。就如坎楠所說：「有時候，太早把程序定死了，而且在執行上又太嚴格，會把彈性都破壞掉了。」

坎楠回想有一次公司要幫一個大客戶，在緊迫的四十五天之內，設立新的客戶服務中心。「通常我們設立一個新服務中心需要七十五天的時間。我們接受挑戰，找了幾個『牛仔』，成立破解小組，想辦法達成目標。在作業上，我們授予這個小組完全的自由，可以『彎曲調整』各種程序來執行這個專案。這個小組和客戶密切合作，創造出不少的新點子，最後我們成功地在四十五天之內設立了客服中心。」

如果用傳統的程序，二四／七客服公司也許就沒辦法應付挑戰了，但有趣的是，從這個專案所學來的經驗，可以好好的用來改良傳統程序。如今，該公司設立新服務中心，正常情形下，只需要六十天，而不再是過去的七十五天。

這些早期的英雄，他們爲了客戶的簡報需求而熬夜趕工，讓二四／七公司不斷地開疆闢土，擴展版圖。然而，當作業成熟之後，公司必須更爲專注，並以紀律來要求其業務人員和服務方式，才能達成公司的使命，「我們客服中心的績效，要持續地勝過客戶最佳客服中心百分之十」。

那究竟是什麼意思呢？是這樣，如果你是位於邦加羅爾（Bangalore）客服中心的新進員工，能不能升上組長，就看你能不能達到（甚至於超過）這個百分之十的改善目標。坎楠說：「我們談的是超過客戶既有的客服中心百分之十，不管是客戶自設，或是外包。簡單說，根據客戶的要求標準，我們要成爲他們的最佳選擇。這是我們的市場定位……因此，也成爲我們獎賞員工的重要條件……同時更是我們獲利能力的基礎。從二〇〇二年開始，我們追蹤每項客戶業務裡，有多少員工超越這百分之十的目標。」

這裡舉個淺顯的例子。例如平均處理一則保險理賠申請案要五分鐘，錯誤率百分之〇．〇五。這是客戶現有客服中心所能達到的最佳績效。二四／七公司則保證能省下百分之十的時間。換句話說，其客服人員能夠在四分半鐘之內處理一則申請案，同時維持一樣，或是更少的錯誤率。達到這項標準的員工可以很快升上組長，還可以領到獎金。

最後，你升上作業主管，管理大約二百名客服人員。「同樣的，你的獎金和所有獎賞，全都和你的客服中心是否成爲客戶的最佳中心息息相關。」坎楠說道。「現在，我們的績效評量系統不只是追蹤服務水準協定上的指標，還包括主管所帶領的員工品質：她的團隊成功率是多少？流動率又是多少？因爲如果流動率太高，團隊的知識和經驗水準就會下滑，連帶的績效也會受到影響。」

在二四／七公司，變動薪資一直占總薪資很大的比重，而且現在還更進一步和公司整體的獲利能力綁在一起。此外，公司更加重視員工的職業發展。如同坎楠所承認：「我們已經知道（也許有點晚），你可以提拔一個人，讓他升上來，要他負一些責任，但是，在此同時，你必須備妥適當的機制，讓他們發展。我們一開始所遇到的情形是，某位員工在某一層級表現很好，所以向上升了一級，還是表現很好，又再升一級，此時，卻變成完全不行了。從此之後，我們就引進職場規劃機制，讓每個人都可以在不超過能力範圍的情形下，實現抱負。」

二四／七公司所作的程序改革，結果非常顯著。在十八個月之前，該公司客服中心，成爲客戶最佳中心數，只占其全球客戶所有客服中心數的百分之十八。這個數字如今已上升爲百分之七十。「從我們接手一個新案件開始，到我們可以超越服務水準協定，並且穩定運作，所需要的時間，已經從過去的一百八十天掉到現在的不到一百二十天。」坎楠說道。

◎

顯然，像特奧會這種使命導向的組織，保留創辦人的領袖魅力和能量是非常重要之事。

提姆・施萊佛在爲組織增添架構和程序紀律時，會特別留意，不去抵觸他母親當初所立下的使命；而且，董事會還設定了治理指標來支持這些使命。依章程規定，董事會成員至少要有兩席爲尤尼斯・甘迺迪・施萊佛女士的後代，任何運動使命的改變，都必須經過全體董事無異議通過，而且每隔兩年，對使命的遵循情形，至少要正式地作一次檢討。在使命和程序紀律之間維持平衡，是國際特奧會領導團隊的重要工作。

特奧會的使命，一直是其主要激勵機制，未來也將如此。誠如一位內部人所說：「這是很好的傳統。」他們對使命和「產品」，驕傲感是如此強烈，以致一般商業組織所常見的激勵方式（如，獎金、升遷，和福利等），只能敬陪末座。然而該組織的使命，對於員工（甚至於志工）的激勵效果，也僅止於此。

「在組織裡，我們對於找進來的經理人有很高的要求。他們必須善於配合我們的要求、設定目標，以及整合個人和組織的目標。他們必須好好的管理知識，使其順暢交流，並且明確地界定角色和責任。

「但是你要知道，我們這裡找進來的人，大多數來自於非營利組織，對他們而言，這些技能都是次要的。他們在二十多歲和三十多歲時，所學到的東西並不是這些。因此，我們大多數的職員都在重新學習，我們用訓練來幫助他們，可是這需要時間。

「關於把焦點從『作品』轉移到『作家』這件事，我們的員工還做得不夠好（包括我自己在內，這不是謙虛，而是坦白）。我們必須確保，重視計畫和課程的觀念，能夠在重視組織健全性的觀點下，取得平衡。」

特奧會基於上述想法，已經爲職員開發了一套專業發展策略，並且，如前所述，引進嚴謹的績效評量系統，對每個階層，加強責任和控管。總會提供訓練課程，介紹如何啓動區域培訓計畫，內容包括組織上重要的課題（例如規劃主題），並且整理出所需要的技能。此外，該會正在針對募款、體育、人員管理，和一般技巧等，開發套裝模組。

「我們這種人總是希望跳脫決策權問題，回歸到老問題，像是，如何幫加爾各答的培訓計畫增加運動選手。」施萊佛說道。「這裡沒有人眞正深切地關心決策權，或是爲了思考決策權如何配置，數夜難眠。那不是我們加入這裡的目的。我們雖然試著去學習讓決策權運作順暢，但是我們的目的絕非僅止於此。

「而這正是激勵人員發奮努力的關鍵因素。在非營利組織裡工作的人，絕大部分的激勵因素，來自於社會報酬和幫助別人的喜悅。我們特奧會的管理工作，就是讓他們的努力，能夠發揮最大成效。」

特奧會：後記

特奧會總會職員和世界各區分會的管理幹部，他們的努力，已經讓這項體育活動邁向韌力調節之路。他們的決策權、資訊、激勵機制，和組織架構已經有更完善的整合，而各項構成區塊也能和諧一致地運作，有助於推展組織的使命和目的。

「我們有不少的好消息。」施萊佛承認道：「未來八年，我們會在美國以外的三個國家舉辦世界大賽。這是組織重整的直接成果。還有，我們已經眞正的讓這項體育活動成爲全球性的活動。立陶宛已經很少有人會認爲特奧會是來自於美國的外來運動；對立陶宛人來說，這是歐洲的運動。對埃及人來說，這是中東的運動。這是很大、很積極的變化。我們的世界大賽，已經可以踏上世界各國的舞台，因此，我們的運動得以永續長存，而且讓我們可以發展其他頗受肯定的計畫，例如，我們所推動的擴大校園計畫（School Outreach Project）和健康運動員（Healthy Athletes）在世界各地，從美國痲省到中國，已經擴展了許多合作中心。」

由於這些重大變革的推動，他們已經獲得各區域高度支持和認同。這四年來，他們的成長已經超過百分之七十，增加了七十萬名以上的運動員。但光靠總會宣稱「我們要達到二百萬名運動員」是無法在任何地方增加任何一名運動員。每一名運動員的加入，都是在地的志工，或職員，去找到他們，把他們推薦給培訓計畫、志工、教練、職員，或賽事……然後取得他們的資料，寄到會裡。

「我們現在有了一組團隊。」施萊佛說道：「以前我們沒有團隊。我們現在有了目標。以前我們沒有目標。我們現在得到認同。以前我們得不到認同。結果，我們正在匯聚世界各地的能量。俄羅斯已經成長，中國也已經成長，土耳其略有成長，但還在成長。墨西哥也正在成長中。這些區域之所以會成長，是因爲我們各地的管理團隊，一直強烈地關心各計畫的組織發展情形。而且總會現在擁有很好的工具來評估這些計畫。我們已經注意到很多事情，也已經把很多事情做對了，但我們還要持之以恆。」

◎

隨機應變型企業可以表現得像個早熟的小孩，輕易就可以勝過同儕，令人羨慕，然後行事風格卻變得不成熟甚至愚蠢。通常這種企業成長太快了，以致喪失立足基礎，讓企業處於不穩定的位置，就好像困在滑坡頂上一樣。如果沒有適當的工具和一些牽引，有可能就會滑下來，掉進功能失常這個深谷。但如果將正確程序和組織結構設立妥當，這種企業可以攀上成功永駐的高原。

8

一致性

軍隊型企業：善於計劃，但應對突發事件能力不足

「軍隊型」企業在產品、服務、技術，

以及作業程序的一致性，

充分展現流暢而整齊的執行力。

在處理大量業務時，

這種企業的效率非常高，

但是企業的成長與外部的變動，

很容易重創這種企業，

它們應付重大意外的能力，

通常不是很好。

軍隊型企業通常由一小組喜歡親手操作的資深管理團隊所帶領，在其領導之下，組織運作起來就像充分潤滑的機器。這種組織具有流暢而且整齊劃一的執行力，因爲每個成員都很清楚自己的角色，並且努力做好自己該做的事。其組織採取階層化及高度控制的管理模式。這種企業也可以籌畫並執行漂亮的策略（通常只是一再重複），因爲他們經常依照指導手冊上的各種狀況反覆操練。在處理大量業務時，這種企業效率非常高，而且可以充分運用規模所帶來的效益。

雖然軍隊型企業提供現場人員某種程度的自主權，但是當企業成長範圍，超出其現有領導團隊的領域時，如何作好準備，一直是其最大的挑戰。人才應該加以培訓，而不是操練；讓他們的潛能充分發揮，進而成爲企業管理階層順利承傳的基礎。還有，必須建立回饋迴路以確保上層指揮官（即時地）瞭解前線的狀況。外部市場環境的突然變動，很容易重創軍隊型企業，因爲他們應付重大意外的能力，通常不是很好。

7-Eleven

每週一一大早，7-Eleven 的執行委員會以及受邀來賓，會聚在一起開會，討論策略問題以及檢討上週和當週的業務。透過上週五所作出來的「報告書」，他們可以瞭解（7-Eleven 的二千五百種產品）在全美和加拿大五千八百家門市裡，哪些東西銷得好，哪些不好。他們對於新產品和促銷案有詳盡的情報。他們已經有充分準備來解決當週的高階問題和戰術方向。

資深執行團隊在十一點以前，就已經決定了當週業務優先順序，可以傳達給公司的領導幹部……所有副總裁以上人員。在這兩小時的全國視訊會議，前半段由各區副總裁報告下一個月以及下一季的預測，並討論策略問題。他們雖然允許討價還價，但所有與會人員總是會達成共識，以遵守 7-Eleven 的核心原則，「離開會議室，大家意見相同」。中午，部門主管、產品總監、類品經理，以及業務和行銷主管集合起來開所謂的「障礙會議」(Obstacles Meeting)，討論屬於門市層次，但須提交公司正式決定的問題。議題範圍很廣，從聖地牙哥熱浪期間要補充開特力飲料的庫存，到修正新程式的系統錯誤。他們確認問題並且明確地分派責任。事實上，問題的「負責人」也知道他們名字會列在下週議程上，作解決方案／進度報告。

然而，議程的第一項是財務報告。因爲董事長兼執行長，吉姆・凱耶斯（Jim Keyes）說：「通常我們只由一小組人作這種財務細節檢討。但是，我發現公司幹部完全和財務數字脫節，因此這是個教育過程。我們稱之爲領導會議，因爲，其實，這是發展領導能力的機會，讓部門主管，或是基層人員瞭解到，他們所作所爲和公司每股盈餘之間的關係。」

這些領導新秀，拿到一份類似星期五出給執行團隊所看的「報告書」，他們可以看到營收、獲利，以及和預期的差異。過去只考慮自己部門或單位的主管，如今可以瞭解整個公司的績效，因而可以修正他們的戰術，以協助公司達成財務數字的目標。

這個溝通系列並不是就此結束。事實上，才剛開始。他們開完早上十一點的會議之後，許多人直奔職員會議或區交流會議。

然後，在星期二早上十一點十五分，7-Eleven 將近八百位區顧問（每位區顧問負責督導一組門市，確保門市符合公司標準）參加簡報會議。這是個一小時長的錄影帶視訊會議，首先由營運長蓋瑞・羅斯（Gary Rose）說明當週的公司宣導事項。接著會議很快地進行，討論內容包括：案例研究、新的店銷主題、特色商品，和市場測試心得等，所有區顧問必須確實瞭解以教導店長的事，以及當週的工作重點。最後，由吉姆・凱耶斯作總結。通常他會提一下上週所訪視的 7-Eleven 門市，或是說明即將推行的促銷案或搭售案。星期三到星期五，當這些區顧問去門市督導時，要告知門市什麼，他們很清楚，因爲那都是他們直接從上面聽來的。這項操練，雖然很花時間，而且不斷重複，卻已成爲 7-Eleven 這八年來東山再起，越做越旺所不可或缺的要素。事實上，到二〇〇五年三月爲止，該公司單店營業額已經連續成長達三十四季之久，創下雜貨／便利商店業前所未有的奇蹟。

令人難以相信的是，距今不到十五年之前，7-Eleven 當時還是南方公司（Southland Corporation），竟然申請破產。當時，該公司是典型的時停時進型企業，由於創業的店長和茫無頭緒的總部，在品牌風格上各行其是，導致公司在經營上失去焦點。該公司多角化經營，橫跨煉油、車材，和不動產開發等毫不相干的行業。同時，該公司的核心事業（便利商店），卻因爲店長各自爲其門市備貨，所以無法發揮最佳的整體採購力量。在早年高度成長期，高度地方分權的組織架構運作得相當成功，但是當加油站和二十四小時營運的藥妝店把 7-Eleven 的競爭模式摸清楚了之後，這種組織架構就開始瓦解了。事實上，這些競爭者很快地就推出

7-Eleven的核心商品（啤酒、軟性飲料、香煙，甚至於麵包和牛奶），並且針對這些商品削價競爭，以吸引客戶。

吉姆・凱耶斯對於公司的這段歷史，有著非常獨特的回憶，因爲他正是7-Eleven破產重整計畫的建築師。「我的職場生涯非常特殊。」他自我調侃道：「一開始，我有點兒像個建築師，設計了這項計畫，後來，我的職位變成了財務長，我必須爲這項計畫募集資金。然後，我成爲營運長，於是我必須執行這項計畫。而現在，我是執行長，必須到處推銷這項計畫。」

他形容以前的南方公司像是一條大蟒蛇吞下整隻豬。「諷刺的是，我們不只是地方分權，我們竟然還在總部設立了大量的幕僚群……這和地方分權的觀念完全抵觸。所以我說我們像條大蟒蛇，所有的權力集中在中間，大約是在『區』這個層級。決策權是集權式的，但是卻集中在中級幹部，導致我們一方面在門市層級反應不夠靈活，另一方面也無法有效運用整體採購的力量。

「而我想要打造的模式比較像是條響尾蛇。一端是非常重要的發聲器。另一端則是也很重要的毒牙。而這就是因應當前新環境所重整出來的架構。我們已經讓門市擁有更多權力，作更多決策；因爲，得力於資訊技術，我們現在已經掌握足夠的決策工具，讓我們能夠眞正地把權力交到門市作業人員手上。

「我們還把前所未有的大權交給總部決策人員，好讓我們的採購力量完全發揮，因爲，就許多商品的採購而言，我們比沃爾瑪（Wal-Mart）還大。而現在正是我們享受這種採購力量的時候了，就像沃爾瑪一樣。所以，今天我們所要達成的，也不過就是這些罷了。」

該項使命的重心在於溝通，因此，7-Eleven 將其組織的管理層級，包括執行長和店長，從十一層縮減爲七層。也因此，該公司每星期會溝通，再溝通，然後又溝通。「我認爲我們的營運模式就像是企業內創業（corporate entrepreneurship）。」吉姆・凱耶斯說道：「我們鼓勵門市人員成爲企業家，而不是粗野的拓荒者。例如，搞不好，這些人會因爲門市設在湖邊，所以就在店裡頭賣魚餌。結果我們會讓 7-Eleven 的門市，在冷藏三明治旁擺著蟲體在賣。企業內創業家則是在客戶服務最佳利益考量之下，去自由構思，承擔風險，和下決策。但他只能在我們推薦的商品範圍內作決策。他不可以兀自賣起蟲來了。」

◎

7-Eleven 是軍隊型企業的範例，因爲其管理模式是扭轉式的由上而下。上面指示經營方向，但是經營情報則來自於基層……公司也瞭解這點。該企業致力於讓每天成千上萬的往來客戶，享受一致而高品質的消費經驗。

軍隊型企業，可以望文生義，紀律嚴明而且高度整合。他們堅持策略，不輕易動搖，而且策略通常非常簡單明確。這種企業在執行上很有效率，因爲每個人都在「隊伍」之中，而且都對操練手冊具有共識。高階經理人制定策略，然後幹部就可以很快地團結一致。決策權和資訊流集於中央。當上面需要時，資訊會向上流動；另一方面，下指令時，資訊會向下流動。

軍隊型企業操作上就像一支球隊。他們有操練手冊，球隊就照著反覆操練，直到成為本能。結果，一旦操練手冊中的情境出現，組織立刻就知道如何因應。每個人都知道該做什麼事。也就是說，在球場上，每位球員都容許有些自由度。例如，當狀況發生變化時，店長或廠長可以自行採取因應措施，而且這樣做沒有問題。只要在操練手冊的範圍內都沒問題。

當遊戲本身發生變化時，挑戰就來了……當軍隊型企業所處的市場，突然發生意外的轉變之時。競爭者在對面開了一家門市。出現突破性技術，把公司的價值移轉到客戶手上。正在運作的市場趨勢突然消失了。這些都是標準操練手冊上未曾提及的情境。在這種情況之下，幹部必須很快地想出新戰法，並且立即採行。為了具備這樣的能力，他們要能夠經常檢視巨大的競爭事件，並且預作準備，以提供軍隊型企業可以迅速上手的技能。軍隊型企業就怕意外。

同理，軍隊型企業營運很少會有意外的驚喜或快樂的變化出現（如隨機應變型企業）。決策一旦形成，就不會有人事後批評（如過度管理型企業）；命令就是命令，而下命令的人會負全責。這種企業在市場上展現出單一、均質的形象，而且每個人都非常明確地知道自己的責任。企業裡的氣氛是「不成功就淘汰」，而且員工非常清楚，其職業前途以及獎金的關鍵在於達成預期績效的能力。當然，這些公司也強調教育訓練。

簡言之，軍隊型企業成效好，效率高，但也不是毫無缺點。

軍隊型企業：特性

軍隊型企業具有許多明顯的特性：紀律嚴明、始終如一、精簡作業，和明確的指揮系統。

明確的指揮系統

誰該負責什麼事，在軍隊型企業裡，永遠不會搞錯。總部制定營運方向，並且嚴格要求，確保前線作業（執行競爭攻擊）擁有必要之工具以發揮最大效率。決策明快而且管制嚴格。角色和責任一清二楚，上層所指示的方向，簡單扼要，毫不含糊。作業模式規範得井然有序，堅持客戶服務上的每一項細節。雖然中間主管在因應當地市場變化上，有某種程度的自由空間，但其寬容範圍總是非常明確。事情很少需要詮釋；大家都有共識。

◎

7-Eleven 的重要決策是由層峰所制定，由於這些決策基礎是商品賣得好不好的即時資訊，所以要讓門市層級清楚瞭解並接受。吉姆．凱耶斯形容 7-Eleven 的決策模式爲「管制的自治」。例如，7-Eleven 強烈鼓勵店長負起訂購決策的所有責任……只要他們的抉擇，落在公司所推薦產品組合的策略範圍內。店長對於庫存量百分之二十五的商品享有充分的獨立採購權；另外四分之三則要受到嚴格規範，而且只能向公司核准的供應商採購。貨架圖則由中央設計和管制。五千八百家門市都要密切遵循公司所訂出來的價目表。每季他們依照八種績效架構來決定關店決策；每季大約會檢討二百個門市。總部聘用人員至少須經三位執行委員會的委員同意。這是一種結構嚴謹紀律嚴明的組織。組織必須如此嚴格，因爲變動部分太多了。在7-Eleven，企畫部門和銷售部門同樣重要。

每天早上七點以前，公司的每一位執行委員都會收到一封電子郵件，彙整出前一天和當月至今的銷售資料……分別按區和類別列示……因此他們(甚至在還沒喝完第一杯咖啡之前)就很清楚，該打電話給誰，以及爲什麼。

7-Eleven有一套精簡的管理架構來維持這種紀律嚴明的決策模式。今天，7-Eleven的管理層級數目，大約是其破產時期的三分之二（詳圖8・1）。調整後的組織架構，讓資訊流動更爲快速，執行更有效率。

執行長吉姆・凱耶斯形容他的管理風格有點類似美式足球隊的教練：「我要建立一套贏的策略，一套讓組織可以清除競爭障礙的策略。我們的競爭對手會採取什麼戰略？我們必須要有一套戰法，而這就是我的職責，最後，我必須提出一套戰法，但是教練不可以親自下場打球。他不可以自己去執行計畫。教練必須有能力教球員去做那些事。

「我們團隊當然也經歷過成長的痛苦，但是今天我們有清楚的策略，而且我們的員工訓練有素。他們瞭解操練手冊。他們瞭解遊戲的特性，那就是勝利。在以前，他們不明白分數的重要性；他們只是下場去打球而已。

圖8·1—7-Eleven組織結構變化圖

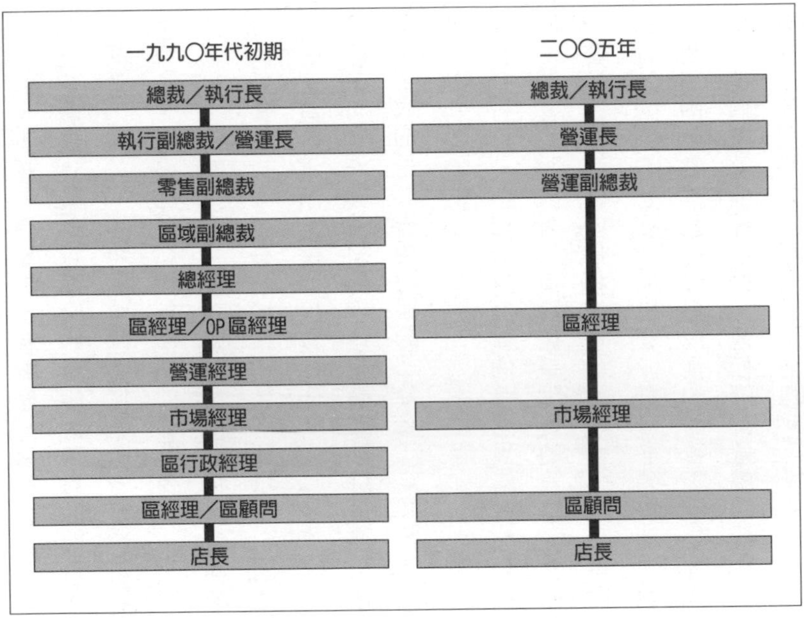

「現在，教練的威望已經建立起來了，我們可以開始把決策放鬆一些……在球賽暫停時的球員聚會中，鼓勵他們提出意見。跟旁邊的人說：『嘿，你上次防守不力。』並沒有關係……或是說：『把球傳給我，我現在沒人防守。』只要是建設性和有意義的意見，我們都可以接受。事實上，當我們修改計畫時，很需要這些意見。」

精簡強悍的機器

軍隊型模式，相較於分權模式，其基本優勢在於作業成本上。他們是那種日復一日，處理大量類似業務的典型企業。善用固定成本和整合採購力量可以發揮很大作用。成功的軍隊型企業，把規模當作武器在運用。自動化對他們並不陌生，不只可以在執行上，幫他們提高一致性，還能把執行成本大幅降低。軍隊型企業基層員工的成本很低，這並不令人感到意外。提高報酬所產生的風險則由高層來承擔。這種企業很多都是優質的零售業，將其節省下來的效益，分享給客戶。雖然軍隊型企業無法在緊要關頭扭轉乾坤，卻至少可以全體總動員。這種組織，可以快速而明確地下達備戰命令，非常有效地擴大或縮減規模。

實惠租車公司

嘉布瑞拉．聖地牙哥是實惠租車公司（虛擬公司名）美國業務處剛升上來的副總，她正打算找機會要好好的揮灑一番。如今她已經有機會成為未來的執行長了，她希望能夠進一步提升自己在公司的名望，但是要怎麼做呢？她已經讀了非常多的管理雜誌，尋找一些不錯的觀念和晉升之道，但是，好像所有的文章和執行長經歷，都是關於其他公司的事。那些坐進執行長辦公室裡的人，不是在新產品上押下大賭注、執行一項重大起死回生案，就是擊潰工會。可是實惠公司似乎沒有這種「發跡」的機會。

實惠公司的情形，如果不算沉悶，也只能說是穩定，每年營收成長百分之三，而盈餘成長則接近百分之六。這些就是過去五年來，股東價值增加了百分之四十的基礎，也讓實惠公司成為華爾街的最愛。嘉布瑞拉也認為這個成就，她與有榮焉。

她過去擔任中西部區主管，七年來，她一直致力於縮短作業時間和節省營運成本。例如，她在印第安納波里試行新的結帳和清洗流程，讓經濟型小車的週轉時間節省了七分鐘。然後她在三個月內，將此改善方案推廣到轄區各單位。效率上的提升，讓她能夠顯著地降低汽車庫存量，對於改善該區獲利能力有很大的幫助。

她除了在汽車出租、收車、備車等例行或重複作業上，嘗試各種自動化方法之外，還安排了趣味競賽，找出改進客戶服務的方法。還有，她發展了一套彈性的派工流程，不但可以滿足員工的需求，還可以節省人工成本。她的管理風格雖然嚴厲，卻很公平，贏得員工強烈認同，而且她能夠降低員工流動率，激勵時薪人員努力工作，以前，這些時薪人員整整八個小時都在看手錶，工作上則是應付了事。

當嘉布瑞拉思考其事業，她瞭解到穩定、務實，和執行導向的哲學才是她所要尋找的「奇蹟」。畢竟，基本上好的租車作業就是一系列的簡單程序。你做的是出租汽車、收車、清洗，和加油。你要招募人員以滿足業務需求，你還要管理庫存。而所有這些動作，一年總要做上個幾百次、幾千次。

當她對實惠公司裡歷年來升上層峰的人逐一檢視之後，她終於明白，成功的秘訣其實就是她一直在練習的：堅守基本原則，把注意力放在客戶上，對於作業程序，不放過每一個節省時間和成本的機會。該公司前執行長，丹・賈古波斯基去年被同業挖走，他教導她「三三法則」的觀念。他常說：「明年目標應該是成本減少百分之三，生產力（即每單位人工小時的租車收入）提高百分之三。」

「實惠」不只是公司名稱，還是丹的經營哲學。五年前，當總部大樓租約到期需要續約時，雖然那年公司賺的錢創紀錄，他還是決定不續租，把總部搬到租金較便宜的地方。他做的還不只是這樣，他引進所謂旅館的觀念，把辦公室使用面積「縮減」了。經常出差的幹部，想要找個空位辦公，得先「下標」。

嘉布瑞拉得到一個結論，如果她想要在職場上繼續發展，就應該效法丹。永遠追求更有效的方法，投入更少，產出更多；這正是常保客戶和股東心情愉快的秘訣。

一致性並不是妖怪

軍隊型企業精簡強悍的「秘密佐料」在於一致性。這些企業在提供給客戶的產品、服務，和技術的一致性上，建立了品牌形象。他們在操作過程以及作業程序的一致性上建立了企業模式。如前所述，這些企業每天以驚人的次數執行類似的業務……成十成百，成千上萬的。他們靠規則、工具，和自動化來達成一致性，並且使之持續不墜。然而，請注意，一致性並不等於標準化。軍隊型企業知道接納各地建言，也知道必須考量各地不同的需求。

◎

7-Eleven 已經從破產時期，只能散漫地推動全公司計畫的分權模式，轉化爲高度聚焦、紀律嚴明的模式，其門市一律「依照書本」建制。此處所說的書本其實就是一本名爲「便利商店五大基本原則」（Five Fundamentals of Convenience）的小冊子，隨著 7-Eleven 門市而遍及全美。這五項基本原則是——每項一頁——品質（Quality）、價值（Value）、商品齊全（Assortment）、清潔維護（Cleanliness），和親切服務（Service），而且該公司的績效衡量指標，完全和這五大目標整合在一起。

例如，清潔維護已經成爲要求重點。他們要求窗戶、地板、廁所，甚至於停車場都要隨時保持清潔，而且店內要保持高度整潔。這可不只是公司布告欄上的議題或區顧問來訪的話題而已；這是執行委員會上不可或缺的討論重點。

爲了維護這項新策略，7-Eleven 已經重新掌握門市庫存，建立生鮮食品供應網路，以確保大約三百五十項易腐商品能夠每天配送，有時候甚至一天兩次。百分之十五到二十五的庫存商品仍然保留給店長自行依客戶喜好來決定。她可以選擇向公司核定的供應商訂購……或是向當地供應商訂購。

然後門市還有另一層次的商品屬於區域甚或是市場基礎。最後，門市的主要庫存是那些基本商品。每家門市都必須有——可樂、香煙、啤酒，和牛肉乾——便利商店的主力商品。

四季飯店

一致性是四季飯店（Four Seasons Hotel）經驗的核心。就是那種期待熟悉、豪華，和非主題式經驗的心理，讓客戶樂於一再光臨該飯店。即使是平凡無奇的事務，他們也會格外留意。舊金山區副總，史丹・布隆利（Stan Bromley）在旅館經營領域已經有三十五年的經驗，他喜歡說：「我們不是核子物理學家。我們是管家，迎接我們的客戶回到家裡來。我們必須隨時留意我們的客戶，以及注意客戶是否滿意（傾聽他們所說的話，並且解讀他們的身體語言），就好像我們的生計就靠他們一樣……因爲的確就是這樣。」你可以試著去舊金山四季飯店找布隆利共進早餐。如果你先到餐廳，你會聽到他這樣問你：「你等了多久才有人來招呼你？他們是不是看起來已經認識你一樣？他們有沒有很快地帶引你入座？餐桌擺設如何呢？有沒有馬上把空位撤掉？他們問你要咖啡、茶，或果汁之前，你等了多久？咖啡夠不夠熱？」就是這種留心細節和強調紀律的管理，讓四季飯店成爲飯店業之翹楚。

在四季飯店，沒有任何一項客戶抱怨是微不足道的。當最近一位客戶覺得浴室的毛巾不夠「乾爽」時，飯店作了徹底檢查，結果發現是因爲洗衣間的烘乾機被調高了十五度，烘乾時間不足所致。雖然豪華飯店連鎖業已經建立了營運模式，提供一致而熟悉的高級服務，他們仍然讓員工有足夠的自由空間來執行這項使命。布隆利要求員工表現出對客戶的關懷之心，但是要以眞誠和舒坦的方式爲之。不像其他飯店連鎖業，員工有一套制式的話術來回謝客戶，四季飯店鼓勵員工用自己的話來和客戶互動。

軍隊型企業：處理

雖然軍隊型企業基本上算是「健康」企業，但這類企業也有盲點。由於管理上紀律嚴明，當面對突然而來的競爭威脅時，可能會變得僵化不知變通。而且，一旦員工覺得自己只是大機器裡，隨時可以替換的小螺絲釘而已，公司就會飽受員工高流動率之苦。軍隊型企業應該採取下列預防措施，以避開這些陷阱。

串聯溝通訊息，上呈資訊情報

在軍隊型企業，你再怎麼溝通也沒有問題。如同本章開頭 7-Eleven 故事所示，在這種企業裡，高階主管的命令，可以在二十四小時內，就同一件事溝通了五次。軍隊型企業爲了做到一致而高效率的服務特色，他們必須對所下的指令保持堅定明確，當然，還要有不厭其煩的態度。基層員工直接聽到上面的「消息」是越多越好，這也是組織扁平化的理由，減少經理和副總等層級扭曲資訊的機會。由於軍隊型企業通常是分散式結構，溝通的科技（例如，視訊會議、電子郵件，和資訊警示系統等）就成爲無價資產，可以大幅提升組織中，資訊上傳和下傳的效率。就如同總部的緊急命令和解決方案可以透過視訊會議和電子郵件輾轉下傳，即時資料和員工／客戶建議也可以經由內部資訊系統，傳給上層。和大多數「健康」企業一樣，資訊可以在組織裡上下流動；差異之處在於資訊的流通量。軍隊型企業傾向於避免冗長的討論、激辯，或是經理人生活營這類的活動。指示、重要事項，和客戶資料等的溝通方式，反而快得像一串連珠炮似的。把相關而即時的資訊，分毫不差地傳遞給正確的人，才是其目標。

◎

「我們並沒有比二十年前更聰明。」7-Eleven 執行長吉姆・凱耶斯觀察道：「但是我們現在有資訊科技，除了及時提醒我們問題之外，也讓加盟業主和店長得到管理權。」

二〇〇四年 7-Eleven 進軍音樂零售市場，銷售潔西卡・辛普森（Jessica Simpson）的假日（Holiday）專輯是該公司資訊科技發揮功效的好例子。對新力音樂（Sony Music）而言，將當紅明星音樂專輯的六十天獨家銷售權，授予非音樂傳統零售商，是一項冒險行動。她的前兩張專輯都是熱銷的白金專輯。7-Eleven 總部必須特別交代門市，這是個非常重要的案子。「傳統上，我們只是把這項非常重要的訊息發布出去，希望我們八百名區顧問在當週訪查時，將此訊息和店長溝通。」凱耶斯說道：「這項商品必須放在櫃台的重要位置。必須要有適當的招牌，還要當背景音樂播放，讓客戶聽到。」

然而今天的 7-Eleven 不再只是靠著嘴巴講一講就好了，他們可以從專輯中選出幾首音樂，在星期二的視訊會議上播放，以突顯這次促銷案的重要性。「我可以介紹新力音樂的董事長，這樣一來，區顧問就可以聽到他所說的話，直接感受到這項商品對他們和對我們的重要性。」凱耶斯說道：「我可以告訴他們我的想法，如果這次成功了，我們就有機會拿到下次珍妮佛・羅培茲（Jennifer Lopez）和哈利波特（Harry Potter）的案子。」

最後，凱耶斯手上還有另外一套工具，即該公司的新零售資訊系統。「透過這套系統，我可以在每一家門市的電腦螢幕上放一個『通道』圖像，他們進入系統時一定要點進去。而那個圖像就是我的笑臉，告訴他們這項商品的重要性。」凱耶斯說道。現在，這才叫溝通。

當然，這套系統的另一端，可以讓總部從門市取得大量資料，協助他們把公司管理得更好，並且預先掌握庫存需求狀況。「這套系統神奇之處在於將大量資料轉化爲簡單易用的圖表，包括我們二千五百項商品每天、每小時的銷售狀況等有用資訊。」凱耶斯說道。這些資訊不僅僅對公司總部有用，對門市人員用掌上型電腦查驗鮪魚三明治的銷售和庫存狀況也很有用。他只要按一個鍵就可以知道某項商品過去八天的銷售情形。他也可以查一下天氣，瞭解鮪魚三明治銷售量和下雨天的關係。

「我們已經抓到銷售某項商品的趨動因素（或可能的趨動因素）了，門市也因此可以在資訊充足下作決策。例如，當基督教的大齋期來臨時，圖像會閃爍，提醒他們說：『別忘了，這是大齋期。』如果他們剛好設在天主教堂旁邊，這就是相關資訊。」有趣的是，7-Eleven 停掉了門市庫存自動叫貨系統。事實上，系統甚至不提供訂貨建議。「這才是眞正的零售，這也是時薪八美元門市人員所要負責的領域。影響鮪魚三明治銷售量的外部環境因素，他們比我們更清楚。」

獎勵訊息使者

雖然軍隊型企業經常在溝通……比大多數企業還頻繁……其資訊「交換」的格式卻有一定的結構和時間表。這些溝通，並不是自由格式的資料庫。而且，由上而下的管理風格，讓員工怯於發表意見。在中央集權環境下，只告訴層峰你認爲他們想聽的東西，是很自然的現象。要克服這種現象，管理當局應該鼓勵建設性的岐見。將回饋迴路明確地制度化，俾使員工和客戶的想法或抱怨可以浮上檯面。這種對話是「健康」企業的特徵。必須在合理的範圍內，培養好奇心和創意，如此，各階層員工才能對公司的成就，有捨我其誰的認同感。

◎

在二〇〇五年一月的一場區顧問週會上，7-Eleven 中央事業群副總裁唐・湯瑪斯（Don Thomas）作了一個三明治捲專案研究簡報。參加人數超過一千二百人，他們不是在達拉斯的會議廳就是從全國各地透過電傳視訊來參加，因此，你也許會認爲這必定是場慷慨激昂的簡報，以業務人員的口吻作出結論，誇大這些三明治捲的優點。其實，唐對這個專案研究細細道來，就好像在會議桌上和同事分享心得一樣。他展示了三明治捲的照片。也報告了市場測試結果以及成功要素。（有趣的是辦公大樓和大賣場附近測試結果比較好。）他抓出這項新產品的約略數字（每家門市每天最高可賣七十美元）。但是他還承認了他在資訊上的缺失。「我們的樣品可能比實際販售的商品還好。我們必須知道，會來買的是哪些客戶，而我們還沒作這項調查。」當初在回答層峰的尖銳問題時，他並沒有承認這個問題。如今，他主動把這項缺失提出來，當作「交流」的一部分。

7-Eleven 已經將這種「告解」式管理風格制度化了。事實上，吉姆・凱耶斯身爲公司的董事長兼執行長，極力地鼓勵同仁把不好的消息說出來。他在一次 7-Eleven 全國員工會議中，提到了在某一家門市裡的不愉快的消費經驗。「我開頭先這樣說：『今天我要違反我們南方公司以前的傳統——不讓任何人難堪，因爲我在我們的一家門市裡有不好的消費經驗。我必須告訴你們。』

「然後我把店名說了出來。我知道當時整個公司馬上都在談論這件事。而且我也知道被我點出來的那個區域也會馬上談論這件事。『我們該如何來處理這家門市呢？』這正是我所要創造出來的企業文化。我希望大家對於問題有一份責任感。這是我們全體的責任，不要再讓任何人，在我們的任何一家門市裡，有那樣的經驗。」

凱耶斯以鄰里關係協會來作比喻：「如果你的鄰居讓他的草長到三呎高，你經過時不會只說：『不關我的事。』你會寫封信給鄰里關係協會，然後他們會指出來（即使可能讓你的鄰居難堪），他眞的該除草了。

「在企業環境裡，如果別的部門有人很糟糕，或者店面不乾淨，我們總會搖搖頭，不表認同，但是，也僅止於此罷了。我們不想牽扯進去，以免讓同事難堪，或是像通報壞消息的使者一樣被砍頭。我試著在全國會議上建立出一種不同的行爲模式。我說：『我的意思不是要開除哪個人。也不是要刻意指出哪裡做得不好來羞辱人。但是，身爲 7-Eleven 的客戶和掌門人，指出公司讓人不滿意的地方，就是我的工作。』」

◎

「經營本市最好的旅館」，一語道出了所有四季飯店員工的工作重點。「我們努力地把豪華重新定義爲服務，而且在我們飯店中，提供支援系統，來取代客戶留在家裡或辦公室裡的事務。」區副總史丹・布隆利說道。因此，他塑造了一個環境，鼓勵清潔人員和門房可以放心地把意見說出來。「我們的員工比誰都瞭解我們的客戶。」布隆利說道：「而且他們信任這個系統。他們知道有問題時可以找幹部，而幹部總是會想辦法去處理。他們會持續提出問題，並給你二到三次的機會去表現。如果你都不處理，從此之後，他們就會按下刪除鍵。如果主管只會聽意見，而不會解決問題，他們就不會有什麼耐心了。你要怎樣才能知道員工的想法？問他們，並且在採取行動之前，聽聽他們的方法。」

飯店員工知道什麼問題應該要提出來，因爲他們是四季飯店訓練出來的。「我們要求所有員工，他們作每項決策，都要符合我們的目標、信仰，和價值……而他們也以此爲榮，因爲他們覺得受到尊重。如果看起來，我們所重視的只是利潤和名氣，而不是我們的客戶和員工，那麼他們就再也不會相信我們的價值了，此後在溝通上，就會有很大的信任鴻溝。」

打造領袖，而不是機器人

基層人員流動性高是軍隊型企業的一大問題。軍隊型企業最多的產業——零售業，平均每年的流動率是百分之一百四十。零售工作，在慣例上，待遇只能勉強算是合理，而升遷機會卻不明顯。軍隊型企業讓升遷機會變得明顯。他們花時間和金錢來開發最先進的訓練課程，並且培養儲備人才的技能。高階主管雖然努力地把公司打造成一部性能高而且穩定的機器，但他們仍然試著不讓員工在工作上完全沒有思考的機會。軍隊型企業的挑戰是，如何得到中央領導和決策層的好處，同時，不會把員工變成了機器人。他們把管理權和決策權交給基層主管和副主管，因為他們是適當人選，也應該得到這項權力。這還表示，讓員工有機會在做中學習……以及在錯誤中學習……並且和他們溝通，這就是員工學習和發展的方式。多花一些工夫去強調橫向發展的好處，而不只是一味的往上爬，調動，也是培養未來領袖廣泛視野和技能的好方法。

◎

7-Eleven 執行長吉姆．凱耶斯承認：「我們的缺點就是基層人員很容易就脫口而出，說：『只要告訴我怎麼做就行了。』每個人都想放棄思考而採取這種『最容易』的解決方法。」只知道打卡的員工，往往在工作上沒有什麼想法。從管理單位的角度來看，直接把答案告訴店長或副店長，要比教他們如何思考以解決問題，容易多了。

「這需要經常溝通。」凱耶斯說道：「而且需要我們這些在上面的人經常變換方式。這五年來，我的管理風格大概已經改變了十次，我一直試著在組織中找出傳遞領導行為的正確方式。在這家公司裡，我要的不是經理人。我要的是決策人。我要讓每個人，甚至於時薪人員都來追求這種領導觀念。這說起來容易，但做起來卻非常、非常的困難。」

7-Eleven 已經在這方面努力了四年，推動所謂的店員主導經營計畫（Retailer Initiative）。這項計畫就如同其名稱所示，把資訊和主導經營門市的權責授予店長和其員工。經過便利商店業最密集、最徹底的訓練之後，他們授予這些學員更多的權責，從塡寫訂單開始。

店員在兩天的課程裡，學習使用 7-Eleven 自家的資料管理系統來掌握每天到店裡消費的客戶。接著每星期增加三十到四十項，他們總算瞭解這是一套非常可靠的系統，應該好好學習，讓系統功能完全發揮。店長和時薪人員學習分析趨勢、發展假設，和思考決策。他們學到這個行業的兩項重要指標：門市的每日營收和存貨週轉率。學成之後，在工作上就會有更高的責任感……而且還有加薪。很自然地，自從店員主導經營計畫推行以來，員工流動率已經降下來了。

在凱耶斯的想法裡，日復一日，哪些商品賣得好，只有門市最清楚，而且你挖得越深，瞭解就越豐富。「所以，我們要求店長或加盟主，把決策權交給時薪銷售人員。讓她負責門市裡的一小塊區域，然後漸漸就會有概念了。

「例如，你是個大學生，進來打工當臨時人員以賺點生活費。在五年前，我們會給你一條抹布，並且告訴你如何幫客人結帳。今天，我們會給你一台電腦——掌上型電腦——並且要你練習，負起決策責任。我們會訓練你，然後鬆手讓你負責門市的一小塊區域。我們要聽你的看法；我們要你的經驗。因爲我們要你從客戶的角度來看那一小塊區域，然後得到一些想法，知道要怎麼做才能讓那些商品更具吸引力。

「從許多方面來看，這才是眞正的零售。我們在二十年前就已經談到這個想法了，但是我們並沒有眞正去落實……眞正授權給那些銷售人員來作決策。因爲他們從來就沒有適當的工具。如今，他們有這些工具了。」

雖然凱耶斯開玩笑說，在他小時候，從來就沒想過要進入零售業，他現在認爲零售業是瞭解商業基本原理的最佳途徑……因爲可以得到立即反應。「如果我現在幫波音開發新產品，也許到退休之前，我都看不到成果。現在，如果我在 7-Eleven 測試一項新商品，明天早上我就知道成果如何了。事實上，上次總統大選，我們根據布西和凱利的咖啡杯銷售情形所作的預測，就比出口民調還準。」

◎

四季飯店的史丹・布隆利認爲連鎖飯店業的成功要素有三——「人員、商品，和利潤」——而且順序是有意義的。就如同吉姆・凱耶斯知道門市時薪人員對 7-Eleven 便利商店的重要性，四季飯店的高階主管也知道業務好壞，掌握在接待客戶的櫃檯人員和門僮的手上。雖然他們嚴格要求員工要達到行爲的「低標準」（例如電話響三聲以前，要有人接起來），他們讓員工自己定義「高標準」……在合理範圍之內。

四季飯店華府特區一位門僮的故事，如今已經成爲該飯店的傳奇了。他把客戶送上開往機場的計程車，向客戶道別之後，才發覺手上還提著客戶的公事包。他認爲這是自己的責任，馬上聯絡這位客戶，發現她是一位紐約律師，而且隔天一早，開會時就需要公事包裡的文件。接著他去找飯店經理，問是否可以在晚上搭接駁車到紐約，把公事包送還給客戶。他的主管不但准許他這樣做，而且還讚賞有加。故事中的名字和地點有時候在輾轉相傳之下會有不同的版本。有的說是一位女性櫃檯人員。有的說客戶離開紐約了，但是都保留同樣的訊息：做一切該做的事，但求客戶滿意。

爲下一場戰爭作準備

停、看、聽。雖然軍隊型模式所堅持的一致性是其長處，但如果經理人認爲現在運作得很好，而不能未雨綢繆，則會犯了一成不變的毛病。高層主管必須隨時掃瞄週遭環境的機會和競爭威脅，這可能和公司未來的興衰息息相關。典型上，這項任務會交由總部的幕僚群來負責，以好奇的眼光檢視未來。這表示靈機一動所得到的想法，也許會化成實際行動，或者營運模式，可能轉向新奇的方式。重點在於磨練企業在周邊事務上的眼光，避免在毫無準備之下遭受巨變。

◎

吉姆・凱耶斯記得，在 7-Eleven 還是南方公司時，他曾經接受前任董事長兼總經理，約翰・湯姆森（John Thompson）的忠告。湯姆森提到他父親的故事，他父親是公司的創辦人，他說：「我父親告訴我，便利商店這個行業永遠都不會過時，而且，事實上，如果一定要談變化，那麼，隨著社會越來越忙碌，這個行業只有成長的份兒。然而，他還說，我們今天所謂的便利商品，當然總有一天會過時，所以如果我們不能經常調整和創新，整個公司，或是整個產業，就可能會無法生存下去。」

而事實上，在一九九〇年代早期，7-Eleven 就因爲商品無法創新，以及其他因素，而陷入困境。當人們對便利的需求改變了，公司卻不能隨之作必要調整。「我們掉入到一個陷阱，把開店數當成市占率，而不去創造門市單點的價值。」凱耶斯承認道。

雖然該公司在收集和回應客戶情報上，已經有了顯著的進步，其高階主管仍然可以輕易舉出公司錯失良機的例子。「我們在百視達之前就推出錄影帶出租服務。」凱耶斯回憶說：「但是我們在準備和瞄準之前就發射了——我們沒有任何的電腦基礎架構，或存貨管理工具來處理歸還作業。」

另外一個最近的例子是藍斯·阿姆斯壯（譯註：Lance Armstrong，世界知名自行車選手，曾罹患癌症）和他所推動的「堅強地活下去」（Live Strong）運動。7-Eleven 已經和藍斯·阿姆斯壯以及他的教練、隊友合作了一段時間，開發高效食品（high-performance foods）。「想像這好比開特力之於速食，在打球之前，你都吃些什麼？」凱耶斯說道。

在他們討論期間，阿姆斯壯推出了「堅強地活下去」黃色手環爲他的癌症基金會募款。「我們看到他們的人戴上這些手環。」凱耶斯說：「在商店熱銷之前，我們有機會抓住這個趨勢。但是我們錯過了。在我還沒問：『能讓我們賣這玩意兒？』之前，早就賣光了。」

當然，對每個錯失良機的例子，我們相對地也可以找出 7-Eleven 善用時機，甚至創造良機的例子。鋁罐就是個例子。

「我們賣了不少的百威啤酒。」凱耶斯說道：「事實上，我們是他們最大的客戶。但是這種啤酒在許多地方已經逐漸商品化了，因為量販店為了吸引人潮，把一打裝的啤酒以成本價出售。因此，我們一直在找尋差異化的方法。」

所以，7-Eleven 從日本引進最新流行趨勢，在那裡，所有的碳酸飲料都以鋁罐出售。「我們把這個想法告訴百威，想和他們共同開發鋁罐。」這是個重大投資案，因此百威一開始有些排斥。但是透過合作過程，7-Eleven 說服了百威，把門市當作這項包裝觀念的理想市場測試場所。「整個計畫的目的是，找出方法，在啤酒銷售上獲得利潤。首先，這種包裝看起來比較酷，但事實上，產品特性還是有所區隔。新包裝相較於傳統的瓶裝或罐裝，可以讓啤酒保存得更新鮮，以及更冷、更久。

「這項商品會成功嗎？我不知道。但是到目前為止，根據我們的測試，還相當成功。」凱耶斯說。而這更進一步讓 7-Eleven 覺得，必須作文化轉變，以保持競爭優勢。

「最後，這是我的目標——二萬七千家門市，三十五萬名員工，全部都很投入……他們會說：『嘿，試一下這種新包裝。』或是『我在泰國的傳統雜貨店裡，看到這種新構想。我們可以把這套想法告訴銷售單位。』這就是我所要的。這是企業文化的轉變，從我向幹部灌輸知識好奇心以及良性競爭開始。

「我的資訊長很怕收到我的電子郵件問他：『你看這項新科技是不是和我們的門市有關？』他應該永遠站在新趨勢的尖端，並且一直告訴我這些新東西。

「我所說的並不是那種『相互責難』的文化，而且我也不想把老式的地盤爭奪戰帶回來。

倒是比較像是一場精神競爭，看誰能找出最新、最棒的方法來滿足客戶。」

◎

在「完美大風暴」來襲之前，嘉布瑞拉．聖地牙哥早就已經不再只是實惠租車公司美國業務處的副總了。升上新職位四個月後，她注意到租車業務明顯下滑，卻找不出原因來。通常，經濟不景氣時，商務旅行會減少，因此租車業務也會跟著下滑，但是這次，所有的經濟指標都還不錯。商務旅客仍然在租車子；只是他們不再向實惠公司租了。

她按照想法一一檢討，先評估作業時間和人工成本等指標。可是沒有什麼發現。她有點困惑了。以前從來沒碰到這種情況。通常，遇到問題時，她只要轉幾個旋鈕，調一下操作桿，問題就解決了。但是，這次她再怎麼調整，也弄不出個所以然來。

因此，她把業務月報表再拿出來看，仔細分析附表裡的細目資料，看能不能有所發現。就這樣，她終於找到答案了。實惠公司在美國交通最繁忙的機場，業務量不成比例地往下掉，而那些地方正是主要競爭對手，滑行公司（虛擬公司名）試辦機場還車之處。租車常客可以事先通知該公司，安排在機場直接還車。滑行公司會派人到機場和客戶碰面，拿收據給客戶，並且把車子開回停車場，只要再加二十美元。事實上，實惠公司的管理階層已經在三個月前就討論過這件事了，那時滑行公司正大張旗鼓的推銷這項業務，可是實惠公司很快地就不去理會這件事了。他們認為這個案子終究要失敗的，就和滑行公司其他的一些無厘頭案子一樣。誰會為了省十分鐘而多花二十美元呢？結果是……許多忙碌的商務人士。

實惠公司過去總是以提供客戶經濟而品質一致的服務爲榮；她的幹部同仁並不喜歡一碰到挫折就放棄原有作法。但是嘉布瑞拉知道，機場還車是改變遊戲規則的攻勢，他們必須立即回應。他們已經看到很多有價值的老客戶轉向滑行公司去了。她將原因整理出來，很快地對租車客戶作市場調查，並且提出一項積極的方案，決定跟進，加入市場……而且再加碼對抗。實惠公司不僅可以讓客戶在機場還車，還可以到機場接客戶……只要事先聯絡好。她把這個案子定名爲「租了就走」。

實惠公司在六個月之內，不僅把失土收復回來，還進一步奪下部分滑行公司的商務旅遊市場。回顧整個事件，嘉布瑞拉知道實惠公司的問題——因爲公司的視野被限制住了——但是幸好公司終能發現問題，並且積極去解決，她以此爲榮。

◎

除了軍隊型企業，其他類型的企業也都可以經由努力，轉變爲韌力調節型。軍隊型企業自有其發展目標。韌力調節型模式的特徵爲，每個階層都有高度的自主能力和彈性；結果，這是一種昂貴的組織。軍隊型模式的特質在於能夠以最低成本來執行業務，對於需要執行大量業務的企業而言，這點相當重要。軍隊型企業，人才來源較爲廣泛，而且日常決策也已經系統化，所以經營起來，成本相當低。追求某些韌力調節型的行爲，只是徒然增加無謂成本，並且損及原有的效率。事實上，在採用本章所建議的預防措施之前，你應該要先確定不會矯枉過正（例如，增加許多沒有用的表面工作）。軍隊型企業已經驗證過了，的確可行。

9

成就感

韌力調節型企業：盡善盡美，不斷追求

「韌力調節型」企業的彈性相當好，
不但能快速自我修正，也能未雨綢繆，
是所有企業類型中最健康的。
他們總是不斷在尋找新的競爭戰場與市場變革，
追求卓越中的卓越，成爲新典範。
在這樣的企業裡工作，
因爲企業 DNA 的成功整合，
會帶來無比的成就感。

韌力調節型企業的彈性相當好，能夠很快地適應外部市場變化，並穩健地保持企業策略重點，團結一致。這種高瞻遠矚、自我修正型的企業，經常未雨綢繆以掌握外在變化，並先發制人。遇到障礙時（所有企業都會遭遇障礙），他們能作快速、徹底，而積極的反應，所以能脫穎而出。這種企業能夠吸引優秀團隊，除了刺激的工作環境之外，還提供資源和權力，以解決複雜的問題。

韌力調節型是所有企業類型中最「健康」者。運作非常好，但並不會因此而志得意滿。韌力調節型企業通常明白自己企業形象的優缺點，而不致於盲目崇拜。他們總是不斷地在掃瞄，尋找新的競爭戰場和新的市場變革。

韌力調節型企業（文如其名），面對失敗可以很快地調整並恢復，因爲他們有個整合一致的組織模式。就組織而言，其型態非常優秀——可以說近乎「零缺點」。很自然地，我們的研究顯示，韌力調節型企業的員工，通常比其他企業，更傾向於認爲自己公司的獲利能力「優於平均」。

在韌力調節型企業裡，沒有所謂的「只是因爲」這回事，所有的職位、程序和政策都有目的……而且和企業策略目標完全整合。難道說，這就表示韌力調節型企業完全不會有問題，可以放手讓其自行營運嗎？當然不是。韌力調節並不是一種最終狀態，而是一場永無止境的旅程。一旦達到韌力調節，如果不能繼續努力，就無法維持。我們在本章和下一章中所提到的企業，都已經達到韌力調節企業行爲的標準，但是他們依然致力於迎接組織上的挑戰。事實上，卡特彼勒（Caterpillar）公司（下一章的主角），就是因爲該公司已經在一九八〇年代的困境中，成功地力挽狂瀾，而成爲韌力調節型企業個案研究的對象。

在韌力調節之路上，充滿了障礙和坑洞，讓企業失控，無法進步。沒有任何企業可以自外於這些意外干擾，但韌力調節型企業在處理這些困擾時，總是比其他企業表現得更好……一旦有失序或延誤情事，他們比較能夠安然回復。爲什麼？因爲這種企業的指導原則明確而令人信服，對員工和共同信念有信心。管理人員不會動不動每三個月就把組織的根基挖起來，檢查看看是不是還在成長；也不會毫無道德規範，放任員工各自爲政。韌力調節型企業所培育的文化，建立在人人瞭解、信任、遵循和擁護的基礎之上。

組織十大特性

那麼，在韌力調節型企業裡工作是怎麼樣的感覺呢？一句話，成就感。所有的組織構成區塊，不論各自表現或集體表現，都能恰如其分。事實上，韌力調節型企業的註冊商標就是其四大構成區塊（決策權、資訊、激勵機制，和組織架構）合作無間的整合方式，驅動整個企業和績效不斷地向前邁進。這種合作無間的整合方式，表現出下列十大優秀行爲……合起來共同創造績效。

(1)思議不可思議的問題

韌力調節型企業以自己爲標竿——他們不是和同業作比較，而是和人類的想像極限作比較。他們認爲天下沒有做不到的事。他們追求卓越中的卓越，以作爲典範。他們眼光超越市場，以未來五年和現狀基礎，爲競爭力作準備。他們如同小孩子一般，想像每個角落裡都有小鬼。他們通常會去點燃火柴，看清楚死角；事實上，韌力調節型企業總是第一個發現危機。他們總是可以看到不祥之兆，並抓住重點、掌握時機，改變組織以預作準備。他們打破既有模式，讓自己成爲新典範。

◎

弗雷德・史密斯（Fred Smith）一手創立了隔夜送達的快遞事業。在他創立聯邦快遞（FedEx）之前，這個產業還不存在。他在大學時有個想法，認爲商業和社會的自動化程度越來越高，快速更換電腦零件的需求也會隨之成長。企業勢必要仰賴電腦系統不停的運轉。這表示關鍵零組件需要更快速、更可靠，而且更廣泛的配送系統。「就是這麼簡單的一個想法。」史密斯說道。

然而，理論雖然簡單，執行起來卻一點兒都不簡單。史密斯必須去籌措資金並建立一套全國性的中心幅射（hub-and-spoke）網路，才能實現抱負，缺一不可（在此順便提一下，當時，只有大型航空公司才有這套網路）。「聯邦快遞的問題是，」史密斯說道：「你不能像大多數企業一樣，先從小規模開始，然後再擴充。」因此，二十九歲的史密斯把家裡的錢，和所募集的九千萬美元創投資金，全用來建立一套橫跨二十五個城市的網路。「我們租了幾架飛機，然後就開始測試這套系統。我們花了兩個禮拜的時間，把一些空箱子在全國各地載來載去。然後，在一九七三年四月十七日，我們正式成立了。」

之後，則是歷史……一段思議不可思議問題的歷史。聯邦快遞挑戰極限，運送文件，直到今日。大約兩年之後，該公司已達損益兩平，並且很快地占領整個市場：即，他們所一手創造出來的美國國內快遞產業。「我們是快遞業的空中飛人，排名第一，而且每年瘋狂地成長。」聯邦快遞任職二十五年的副總，比爾・卡希爾（Bill Cahill）說道。

一九八九年，該公司再度打破既有模式，砸下大錢，將領域擴展至世界舞台。聯邦快遞買下了經營艱困的飛虎公司（Flying Tigers）。卡希爾這樣形容飛虎：「這是一家大型航空貨運公司，以亞洲業務爲主，擁有龐大而老舊的機隊。」這家公司一直處於虧損狀態，業務也日漸萎縮。當時聯邦快遞的員工都感到很困惑。他們實在不能瞭解，聯邦快遞如此成功、成長如此快速，買下飛虎要作什麼？然而，幸好經過密集而和諧的溝通之後，他們很快地就瞭解公司的訴求了：國際落地權（international landing rights）。據卡希爾所知：「今天，你再也不可能拿到這些國際落地權了。不管你出多少錢都買不到了。」

聯邦快遞買下飛虎之後，全盤接收其五千名左右的員工，這種方式，後來就成爲典型的聯邦快遞風格。聯邦快遞對這批新員工的溝通工作，與原有的老員工同樣徹底。「我們用盡各種辦法，能做的都做了，而且還花了好幾年的工夫。」卡希爾說道：「在我們整合飛虎時，我們對飛虎員工這樣說：『現在兩家公司已經合在一起了。你們就是聯邦快遞的一份子，關於你我共同的未來，我們有這些計畫。這裡是一些我們接納各位的方式。各位原來的薪獎制度，我們用這樣的方式來轉換。』這眞是既勞心又勞力的整合工作啊。」

聯邦快遞一直專注在全球快遞業務，直到一九九○年代中期，該公司在獲利不錯的平台上，又點燃了另一支火柴，之後，才成爲今日之大型、全方位服務的航空貨運公司。當時，聯邦快遞在檢視經營領域時，赫然發現電子郵件出現了，對原有的文件快遞這項優勢業務，可能會造成重大衝擊。聯邦快遞並沒有築起高牆躲在裡頭，而是迎向網際網路，將之化爲接觸客戶的基地台（access point）。一九九四年，聯邦快遞推出 fedex.com 網站，發展網頁平台，提供客戶包裹託運的即時資訊。同時，該公司認爲文件快遞業務漸趨飽和，在一九九八年買下標準產業集團（Caliber System），跨入小型包裹陸上運輸行業。標準產業集團旗下的ＲＰＳ公司是個珍寶，讓聯邦快遞可以在傳統陸運上取得一個立足點，並著手規劃更爲完善的陸空整合服務，滿足市場進一步的需求。

聯邦快遞隨後又購入美國貨運公司（American Freightways），在二○○一年和標準產業集團旗下的另一家子公司，維京貨運（Viking Freight）合併，成爲聯邦貨運公司（FedEx Freight）。從此，聯邦快遞就可以提供客戶無以倫比的運輸服務了。

這樣就夠了嗎？當然不是，聯邦快遞從來不會對其一手打造，而且還在經營的產業前景自我設限。聯邦快遞再一次因爲預期到市場的需求——這次是針對客戶和中小企業——於二〇〇四年以合夥方式取得金考快印（Kinko's），並且將之更名爲聯邦金考（FedEx Kinko's）。有了金考，聯邦快遞立即建立起一套全球零售門市系統，便於客戶交件和取件，並且讓該公司在數位資訊高速公路上，開闢出一條引道。誠如卡希爾所說：「大家都知道，金考是親切、在地的影印中心，但是我們把他當成各種專業服務以及數位經濟交易的基地台。」

今天，聯邦快遞集團已經是規模高達二百七十億美元的企業，旗下有四大子公司：快遞、陸運、貨運，和金考，全球員工有二十五萬名。該公司對不可思議的問題不斷地加以探討、瞭解，從單純的隔夜包裹快遞，到整合陸空運輸服務，到領導航空和陸運產業，爭取國會解除法令限制。三十多年來，該公司已經持續地展現出韌力調節的特性了。

⑵建立承諾和負責的企業文化

每一家企業都會作承諾。但是韌力調節型企業與眾不同之處，在於他們如何定義這些承諾，並轉化成決策權，和績效評量。承諾，以及其所產生的決策權，絕不是鬆軟或因人而異的東西；而是有如刻在石碑上一般，不容更動扭曲，對每個人都清楚明確，尤其是對負責的人員，更是如此。事實上，韌力調節型企業所作的承諾，有充分明確的責任感這塊金字招牌作十足擔保。就好像人們接受金本位貨幣制度的紙鈔一樣，市場只靠韌力調節型企業的承諾，就敢放心的投資……因爲大家知道，其所作的承諾，必能實現。承諾的基礎在於妥善而明確的決策權，而且，這些決策權無論對內對外，都十分透明。任何事物都無法隱藏，也無處可藏。因此，員工不必花費心思去想推卸責任的事。他們要的是眞正的菁英管理；這種企業可以讓員工發揮，因爲他們對員工敢要求，也給得大方。

◎

日產汽車股份有限公司（Nissan Motor Co. Ltd.）在發給所有新就任經理人的價值參考手冊（Value Reference Manual）上，明確定義了三十二個關鍵詞。承諾的定義是「負責達成目標。所要達成的目標應該以數値表示，並立誓。人員一旦作出承諾，除特殊狀況之外，必須達成目標。一旦目標無法達成，必須準備承擔所有後果。」該公司現任董事長兼執行長卡洛斯・高恩（Carlos Ghosn）在一九九九年十月，爲「後果」作了鮮活的定義，他以職位作擔保，誓言在三年內達成日產復興計畫（Nissan's Revival Plan, NRP）。「我說這三大承諾，只要其中任何一項，沒辦法達成，我就辭職，包括整個執行委員會成員都要和我一起下台。」高恩回憶道：「在和組織溝通什麼才是『承諾』時，這件事起了很大的作用。」

當時，日產負債接近二百億美元，產能閒置，生產線設備老舊；事實上，這家汽車廠體弱多病，已經連續虧損了八年。組織內部，則陷入交相指責的混戰之中，大家忙著指責別人，以致浪費了大批工程人才，技術卻遠遠趕不上同業。當對手豐田汽車不斷成長之時，日產其實已經瀕臨破產邊緣，亟待救援了。於是，日產復興計畫成立了九組跨部門小組（cross-functional teams, CFTs），由優秀幹部組成，承諾要拯救公司，而其成果……總算是提早達成任務。

日產脫胎換骨的故事是近年來企業界反敗爲勝的一大盛事，而且——雖然要歸功於領導人卡洛斯・高恩——這件事也是所有日產員工勝利的樂章，他們並肩挑起了損益責任，並且完成任務。今天，日產即將進行第三期的三年計畫，他們的計畫，一期比一期還要有理想，進一步運用所謂的ＤＯＡ（delegations of authority）授權系統，調整決策權。ＤＯＡ是該公司的內部網路系統，以簡明的方式來定義誰該做什麼事，負什麼責任。

高恩連忙補充道：「每件事都要數量化。沒辦法衡量的事，你就不應該去做。而衡量不只是牽涉到你應該做多少，或你應該跑多遠，還牽涉到你該在什麼時候去做。時機對公司而言十分重要。任何目標，如果沒有時間限制就毫無意義。那是空中樓閣。因此，在公司時間表上，我們很講究明確地設置里程碑。」

(3)每三年要移動一下球門

我們知道，大多數的韌力調節型企業，像日產，會不斷地轉型。管理人員爲了要刺激員工和組織不斷前進，會把球門每隔幾年就移動一次……不管他們是不是覺得敵人已經兵臨城下。這些轉型計畫建立在組織的基本價值和原則之上；每個人都知道目的地，也認識沿途的路標。但是路徑卻沒有畫在地圖上。各單位、各小組、各個員工都必須自己去設定旅程，畫出路徑。組織的各項構成區塊，在設計上和整合上，都以協助他們進步爲目的，所以，每個人在工作上，可以獲得正確的資訊、激勵機制，和有效決行的權力。計畫達成的目標往往設得相當遠大，這樣的設計，可以上緊組織的發條，同時，也上緊裡面員工的發條，但不能讓他們崩潰。高階主管在設立目標時，必須運用高度的判斷力和直覺，才能讓目標富有挑戰性，而且不會失之過當。

◎

誠如該公司老闆卡洛斯・高恩所觀察：「我們總是以三年為一個階段。」他在一九九九年接掌公司大權，開始進行所謂的日產復興計畫，三年內，不只讓該公司在獲利方面有所回升，而且就營業利益率而言，在芸芸眾車廠之中，還能名列前茅。該公司達成NRP的目標之後，接著就馬上推動日產一八〇計畫（Nissan 180，銷售量增加一百萬台汽車，營業利益率達百分之八，以及〇負債）。二〇〇五年開始，該公司又推行日產增值（Nissan Value Up）這項三年改造計畫，目的在改善生產以外區域的作業品質（例如，後勤、財務，和人力資源等）。

卡洛斯・高恩這樣形容日產「移動球門」的方法：「首先，我們提出願景，通常，這會有點兒模糊、有點兒試驗性質。主要的目的在於調整組織的理念和行為，而不是告訴你明天要做什麼，或明年要做什麼。然後以願景為基礎，我們（花幾個月的時間）開發出一套三年計畫。這就是我們的作法。

「人人都瞭解這項計畫，幫忙準備這項計畫，並且執行這項計畫。接著，計畫衍生出預算，即年度目標。因此，你就從長期的理念，移到三年目標，再移到年度預算目標上。」

除了界定成果和重要里程碑之外，日產的高階幹部不會去下指示，要求要用什麼樣的方式來達成公司目標。以產品開發爲例，整個汽車設計和製造的過程，都由產品總監來負責。誠如一位副總的觀察：「我們一共有六、七位產品總監，他們的作風，各有不同……所以車種開發，在某兩個里程碑之間的過程，不同案子，可能就會有很大的差異。我們的想法不是去緊盯著整個過程，而是對每個里程碑定出明確的要求……例如，誰應該參與決策，誰要爲哪個結果負責。」

「整體而言，我們的方法非常務實。」高恩說道：「未來三年的目標具突破性，我們會先取得大家的共識。然後我們會去確定公司應該採取哪些措施，以配合所謂的『加速改善』流程，這是一種快速而持續的改善過程，日本人在這方面很在行。接著，我們檢視手上的工具，然後說：『好吧，我們該加入哪些東西？哪些該調整？我們的企業經營手法，應該作哪些改變，才能作出成果來？』再來，我們會經常作些細部調整，一小步、一小步的改善。」

(4)顯示你對信念的勇氣

韌力調節型企業不會去追隨時尚。他們不會屈服於最新的商業潮流，更不會對華爾街曲意奉承。同理，韌力調節型企業也不會因爲「一直都是這樣做」，就把現狀視爲神聖不可侵犯。他們根據直覺和資訊，盡最大努力來籌畫策略發展方向，而且，只要市場證明他們的想法沒錯，就會一直持之以恆。在組織的變革上也是一樣。如果有必要，他們會把事情重新調整（這正是其特性），但是他們不會為了改變而改變，也不會為了討好董事會、分析師，或股東而改變。韌力調節型企業對員工，以及他們所作的決策，和執行力有信心，即使在他們決定要改變策略目標時，也是一樣。因此，他們可以更穩健地追求目標……以及面對一時的挫折。他們不會盲目去收集其他企業的「每月最佳」改善方案，然後「削足適履」，在公司裡強行實施；但是如果很明顯的，公司需要改革時，他們也不會坐視不管。他們的核心價值基礎穩固，不僅能指引決策，還可以激勵所有員工，使其充滿理想。

◎

聯邦快遞自成立以來，就非常重視員工，以及他們的滿意度，無論時局好壞，都秉持「員工優先」原則。事實上，聯邦快遞是整個集團的發端，規模也最大，長期地將PSP——人員、服務，和利潤（People、Service、Profit）三者融入經營哲學之中。比爾・卡希爾解釋道：「我們整個企業有三大支柱。公司建立在三大滿足能力上，即，滿足員工（人員）、滿足客戶（服務），和滿足股東（利潤），缺少其中任何一項能力，整個企業就無法順利經營。弗雷德・史密斯經常說：『如果你好好照顧員工，員工就會好好照顧客戶，而客戶呢，就會為股東帶來利潤。』但他更進一步去加強這個循環。利潤不只是股東的福利而已，也回饋給員工，帶給他們更好的福利，例如，分紅獎金、加薪，和升遷。而且我們還把這些利潤再投資，進一步提升客戶服務水準。」

創辦人兼執行長弗雷德・史密斯在給領導統御下定義時，引用了他在越南服役的經驗，他說：「在軍隊裡，你必須相信部屬會盡最大的努力來達成組織目標。否則，大家就有危險，非死即傷。所以對我而言，領導統御簡單的定義就是讓員工願意拚命。我不希望我的員工腦袋裡只想著：只要做到哪些事就不會被開除。我希望他們想的是如何盡最大努力，把事情盡可能地做到最好程度。」

基於這個想法，聯邦快遞很早就採用「不裁員」的經營理念，一路走來，已經有三十多年了……即使在獲利能力明顯受到影響時也是如此。「九一一事件之後沒多久，整個經濟陷入亂局，我們的航空快遞業務也跟著停滯不前。」卡希爾回憶道：「市場日漸飽和了。我們盡其所能地調整國內快遞網路，希望能讓業務有所起色，以符合我們的要求。但是我們在專業人員以及行政幕僚上的間接費用仍然偏高。」

因此，該公司在快遞事業上推出了一項方案來改善獲利能力以及人事成本。雖然這項方案的重點在於流程改善，但也包含了自願退職和提早退休方案，結果，事實證明，這些方案條件非常優厚，竟然有三千六百名員工願意享受這個方案，超出公司的預期。那時公司到處舉辦歡送會，比爾・卡希爾記得他所參加的一場歡送會，會場的正面氣氛讓他印象深刻。「觀眾席上很多人潸然落淚，但是典禮之後，我四處走動，和很多人交談，老實說，他們竟然這樣說：『哇！聯邦快遞對我眞是沒話講。』而說這話的就是即將要離開的人，他們說：『這個方案這麼棒，我怎麼能拒絕呢？』這是即將要離開大家的老朋友由衷之言，但是同時，大家卻這樣說道：『哦，這就是我人生的下個目標了，因爲聯邦快遞實是在很照顧我們。』整體而言，案子推行得非常順。如今想想，這件事是不是花了我們很多錢？當然，也許超出了我們的預算。可是長期而言，這是長期投資，員工的正向態度終會讓我們得到回報，而且員工將會記得，聯邦快遞待他們不薄。

「PSP是員工對公司向心力的基礎。我剛進公司時，還是草創階段（快速成長，以滿足客戶需求），當時我們的政策並沒有參考手冊。我們就一路經營，一路制定原則。所以，你要做有意義的事，並且讓員工把事情做好。這是主觀的判斷，而且隨著公司越來越大，這些判斷就成了法典和政策了。但是我們的基本文化並沒有改變。雖然這次，我們已經作了很痛苦的決定，但是，所有離開的人、留下來的人，和最近才加入的人，他們都知道我們在爲員工著想。

「我過去常跟我的幹部說：『你可以經常把事情搞砸了沒關係，但是如果你在處理員工問題時掉以輕心，如果你在員工問題上搞砸了，你就別想再繼續待下去了。』大家可以在業務上原諒你的過錯，但是絕對不允許你對員工亂來。你要善待他們。你要尊重他們，在公司規定範圍內，讓他們好好做，這樣才是個好主管。我要提醒你，公司仍然像個雲霄飛車。每天都有新的刺激。公司不斷地在改變，但不管怎麼變，仍然是聯邦快遞——只是公司變得更大、業務變得更廣泛罷了。」

◎

雖然高恩對日產的制度和員工相當尊重，但他絕不容許讓日本企業的「聖牛」，像終身雇用制、關係企業交叉持股，以及按年資升遷等情事在公司裡發生。身爲非日產出身的外人（外國人），他充分發揮其「外來和尚」的特色和信念勇氣，大刀闊斧地開創新局。他斷然進行關廠、裁員，並且把養尊處優的銷售網路和傳統關係企業的交叉持股徹底拆散。他還一反日本企業慣例，在廣東和密西西比設立裝配廠，並且在新車上採用突破性設計，建立印度和中國的外包關係，震撼業界。

「我們已經將原本的分析式文化，我稱之爲『被動同意』的文化，轉化爲行動和伸展的文化。」高恩說道：「所有的討論，最後都要下決策；所有的決策，都要付諸行動，而在行動上，都要盡力伸展。我們要求每一項行動，一步一步地，超出我們所認爲的企業極限一點點。這就是我們提升企業潛能的方法。」

另一項企業文化上的創新是透明化。高恩說道：「透明化對日本企業而言，顯然有點新奇，畢竟，日本社會是出名的神秘。但是我們打從一開始就像水晶般的透明，事先把三年計畫整理得清清楚楚的，還有我們要怎麼做也交代的很清楚——對內如此，對外也是一樣。」

最後，日產公司已經接受多元文化而成爲很特別的企業，因爲日本企業向來把外來的文化侵入視爲威脅或亂象。誠如高恩所說：「我們完全把這種想法倒過來講，我們說，多元化是一項資產。我們讓美國人、日本人和法國人一起工作。我們讓公司裡的日本年輕人擔任管理工作；他們不用再等到五十五歲才能升上主管。我們在設計、工程，和行銷等部門裡提拔了許多女性，讓她們在銷售流程裡負責一部分的決策工作。畢竟，女性也是我們的客戶啊。」

簡言之，日產已經用不同於聯邦快遞的方式，展現出信念勇氣。該公司不但能破除傳統，開創新猷，還能激發員工的意志和信念，實現遠大抱負。

⑸從逆境中脫困

即使是最好的韌力調節型企業，也會遭受挫折。優秀DNA保護系統的方式，並非使其不受外部風險攻擊，而是讓其內部可以迅速反應。當韌力調節型企業遭遇市場遽變時（不論是技術創新、經濟衰退，或競爭威脅），他們能及早發覺並且迅速採取因應措施。他們不會把時間和資源浪費在交相指責和文過飾非上。他們勇敢地面對敵人。他們燒灼傷口以保護核心市場地位。更重要的是，他們會抓住攻擊機會，積極追求成長。韌力調節的定義就是「迅速恢復力量、精神等的能力」。這些企業名副其實。

◎

寶潔公司年營業額高達五百億美元，是全美最大之家用和消費性商品公司，同時也是打造品牌的高手，但即便是高手，套用該公司財務長克萊頓・戴利（Clayton Daley）的話，也會「撞牆」，碰上極大的困難。在A・G・雷富禮（A.G. Lafley）接掌執行長的半年之前，寶潔發出了四項獲利警訊，而股價也重挫百分之四十三。該公司自一九四〇年代以來，一直都以每十年營收成長一倍爲目標，而一九九〇年代，卻首次發生無法達成之情事。寶潔某些核心產品的市占率優勢，被金百利克拉克（Kimberly-Clark）和高露潔棕欖（Colgate-Palmolive）這兩家公司給奪走，而且當沃爾瑪變得越來越強大時，原本對客戶的優勢也逐漸喪失。雷富禮是寶潔公司任職二十三年的資深員工，他花了很長的時間，對整個公司作嚴格的檢視，三十名高階主管被他換掉一半，並且裁掉九千六百名員工。他把資訊工程以及部分的製造作業外包出去，將公司營運重心重新拉回到核心優勢和核心產品上。

然而，在此同時，他也開發了新領域，要求半數的新產品必須來自公司外部，並且加強跨部門合作。結果，該公司在雷富禮領導期間，恢復了市場領導地位，獲利強勁，而且股東報酬也不錯，這還沒提到許多新產品，像是：愛慕思牌（Iams-branded）的寵物健康保險、速易潔除塵刷（Swiffer Dusters），和清潔先生汽車清洗系統（Mr. Clean AutoDry）。克萊頓・戴利說道：「在二〇〇〇年，我們已經開始好轉了，不再像以前那樣，推出一大堆新品牌和新產品，卻節節敗退。我們忙著為企業力挽狂瀾：組織改造、組織減肥，和品牌重建等。今天，我們又開始成長了，我們把重點放在維持成長上，而且把自己調整好，以免重蹈覆轍。三年前，執行長說：『我們要改採股東總報酬率（譯註：total shareholder return，TSR＝（資本利得＋股利）／期初市值）作為我們的衡量指標。我們要用這個指標來衡量管理績效，獎金紅利也要根據這個指標，我要把它當作我們的策略工具。』如今，這個構想已經成為制度了；這套指標，提供我們衡量各管理階層績效和投資決策的標準。我們把所有策略的預期效果全部放在TSR的螢幕上來檢視，這樣我們才能確信每一項策略都能提升股東價值。在我們公司，你可以到任何一間總經理辦公室，問任何一個人，什麼是TSR？他們都可以回答你什麼是TSR，以及如何用TSR來評估他們的業務決策，不論他們的業務是大是小。」

◎

雖然聯邦快遞很少失敗，但還是有個失敗案例，老員工可以不假思索地脫口而出：快遞郵件（Zapmail）。快遞郵件是該公司打算在一九八〇年代推出的高速電子傳眞系統。這個案子乍聽之下非常有道理：當時，聯邦快遞有一大部分的營收來自於文件遞送……而那時傳眞機還不像今天這樣普及、這樣便宜。運用電子科技來傳送文件，是聯邦快遞核心業務的自然演進。「不幸的是，快遞郵件技術建立在一座非常大的人造衛星上，只能用太空梭來發射。」創辦人兼董事長弗雷德・史密斯說道：「而太空梭爆炸了。」

不久，大家的辦公桌上都有了傳眞機和印表機，因此快遞郵件的機會之窗就關掉了。誠如人事主管比爾・卡希爾所說：「這個案子行不通，所以我們就把它停掉了，所用的員工，我們完全承受下來，並且起身上路，繼續前進。我們並不是每件事都一定成功。但是我認爲，如果你可以從失敗中學到教訓，就可以算是成功了。我們學到了寶貴的教訓，並且把注意力轉向，發展全球快遞市場，買下飛虎公司。每個人都調適過來了，並且說：『好了，我們再出發吧，大家再努力，多運一些包裹和文件吧。』」

這次挫敗後的回復能力和經驗，史密斯作了總結：「重點是，在當時那個節骨眼上，我們懂得要去改變。我們不能光坐在那兒。企業如果不能體認到他們的業務遲早會失去特色，而不願意去冒險——冒險也許成功、也許失敗——最後的下場必然是被市場淘汰。」

(6)考慮水平發展

當你想到一般的組織結構時，你會想到階層制，一種由上而下運作的結構。在企業中，我們慣於作垂直式思考。指揮系統由上而下；你通常是往上升級。然而，韌力調節型企業設法在他們的世界觀裡，引入第二次元。他們透過扁平化組織取得充分價值，並且在工作上跨越垂直疆界、破除門戶障礙、傳播最佳實務、跨部門合作，和橫向升遷。他們考慮橫向發展……並且成爲更爲協調、有效，和競爭力廣博的組織，也因而受益。

讓資訊在組織裡上下，以及橫向流動，是維持韌力調節型企業的關鍵。如果其他部門的人因爲你的資訊，而能夠提供客戶更好的服務，你就把資訊提供給她。你之所以會這樣做，除了因爲你知道這樣可以讓服務更好之外，也因爲你受到共同目標、共同衡量指標，或合作獎金的激勵。門戶之見以及敝帚自珍的觀念在韌力調結型企業中消失得無影無蹤。取而代之的想法是，如何才能讓公司成功……所以我也成功？

◎

日產公司能夠改革成功，有一大部分要歸功於跨部門小組。這些跨部門小組由優秀的中級幹部所組成，是日產改革計畫的橫向機構。卡洛斯・高恩之前在幾個重整案中也是採用跨部門小組，所以他是這種組織的熱心倡導者，而且他到日產上任的第一天，就爲跨部門小組遴選優秀成員。他們的使命是，針對日產績效的重要因素（例如：產品組合、組織架構，和業務發展等），選一項來負責，並且在三個月之內提出改善方案，不過，他們原來的工作還是要做。沒有人拒絕這項任務。跨部門小組的終極目標在於拯救衰頹的公司；但一路執行下來，他們破除了日產公司部門藩籬的「黑盒子」。到現在，跨部門小組依然存在，繼續挑戰現狀，並開啓新契機。

「根據我的經驗，」高恩說道：「公司的高階主管很少去跨越組織界限。通常，工程師喜歡和工程師在一起解決問題；業務人員喜歡和業務人員一起工作；而美國人覺得和美國人在一起比較舒服。問題是，通常同一部門，或同一地區的人，對自己所提出的問題不夠嚴格，也不夠多。」跨部門小組機巧的原因很簡單。「因爲不同地區、不同部門，和不同世代的人聚在一起工作——不是去處理某一部門的問題，或是某一地區的問題——而是從客戶滿意度和公司獲利能力這兩個企業最重要的觀點出發，找尋機會。」

◎

聯邦快遞企業集團以許多種方式來維持水平發展。首先，三十多年來，他們的管理層級從未超過五層。比爾・卡希爾說道：「打從一開始就是這樣了，原因很簡單：爲了避免在組織裡上下溝通要經過十五到二十道關卡。」

該公司還將水平次元的想法編到信條裡：「獨立運作，共同面對競爭，合作管理。」由於聯邦快遞這幾年來持續成長，跨進全球經濟的新領域，該企業集團已經發展成傘狀組織，包括四大公司，以及其他事業和功能性服務。高階主管強烈地認爲這些公司應該獨立運作，因爲各家的「產品」都不相同。卡希爾詳述道：「我們有聯邦快遞和聯邦陸運這兩家公司提供運送服務，但是各家有各家的客戶區隔，因此，所使用的網路也完全不同。基本上這些公司有不同的服務特性，也因此，他們必須『獨立運作』。你不可以把明天早上八點半就要送到的包裹，和過四天才送達的混爲一談。但是，在此同時，他們都用『聯邦』這個品牌，因此，他們要『共同面對競爭』。這些公司相互關聯，相互分享，並且相互負責。而且他們共同使用由聯邦服務公司（FedEx Services）所提供的支援服務（例如，資訊工程和行銷）。」

然而，信條中的第三項，「合作管理」才是聯邦快遞水平發展的要角。各大子公司長久以來，各自有其跨部門專案小組，但是現在整個企業集團把這種方法，進一步提升到全新的層次，其中之一就是設立高階管理委員會（Senior Management Committee, SMC）。ＳＭＣ的成員爲：快遞、陸運、貨運，和金考四家公司的執行長，以及財務、法務、行銷、通訊、業務，和資訊部的主管，他們共同管理整個企業集團，但同時各自負責子公司或部門。

誠如比爾·卡希爾所指出：「我們一直有非常非常多的合作案在進行。現在我們可以說：『我們要跨公司管理，而且我們必須合作。』坦白講（我以一個幕僚的觀點來看），這是三項信條中最困難的一項，因爲你不能靠職權做事，你必須發揮說服力。如果你的建議不夠好，大家是不會買帳的。你必須打破這種微妙平衡。你不可以強求改變。你也不可以下命令。你要試著用好的方案去建立大家的共識，一旦你這樣做了，大家就會瞭解的很清楚，說：『哦，對了，這眞是個好主意。』然後，你們就可以共同合作，有所進展。」

(7)自我校正

韌力調節型企業已經發展、並建立了一套內部機制，在問題還沒嚴重到必須成立專案小組，或是發布獲利警訊時，就可以及早發現，及早修正。資訊及時、正確、可供需要者取用；而系統和程序則具有自動回饋迴路，不用你從外部來啓動這些功能。

簡言之，韌力調節型企業是一種自我校正的組織，一邊成長，一邊學習。由於DNA構成區塊會隨著時間而調整，所以組織在整體上就變得更有智慧，更爲敏銳。這種企業會一步一步的進步，最後，在績效上可以達到嶄新的層次。我們這裡所描述的組織特性，並不僅只是一盞早期警示燈而已，而是一套自我啓動的診療系統，甚至在問題還沒引起關注之前，就已經把問題解決了。

◎

寶潔的財務長克萊頓·戴利扮演多重角色。他不只是負責傳統的會計事務，還擔任優質成長的仲裁者這個策略性角色。「我們把重點放在營收持續成長上：提高推案成功率，以及確保我們在推出新產品時，篩選程序符合紀律要求——不論是全新的產品、地區性擴張，或是既有品牌的修改。我們要如何做才能達成，甚至於超越目標？我們要如何在不增加風險之下，做到優質成長？

「過去的遊戲規則是：『如果我是品牌經理，則我的工作就是把案子向上級推銷，而且求天保佑，在實績還沒出來之前，我就已經升官了。』如果你有一套嚴謹的系統，我們現在就有一套，可以針對這些案子，追溯並評估每個人推案的平均成功率，並且要管理階層負責，那麼，你就有一套非常好的自我校正系統了。現在，我再看這些推案花招，發現大家在作承諾時，已經不再像以前那樣爽快了，因爲他們知道，他們遲早都要負責的。這並不全是壞事。如果這表示他們在推案時，覺得稍微困難了一些，那正是我這套系統所要的紀律。」

◎

日產公司那九組跨部門小組原本是在一九九九年，爲了推動日產復興計畫所設的，因爲成效不錯，所以就持續運作至今。事實上，他們還增設了三組全球性跨部門小組，連同原有的小組，共同納入日產的下一個三年品質計畫——日產增值計畫之中，同時也在日產和雷諾策略聯盟上，協助整合工作。起初，跨部門小組的任務在於提升各個單一部門的效率（例如，採購部、研發部、業務部，和行銷部等），現在他們早已超越原來的任務，經常挑戰跨部門議題和機會（例如，如何賣車給女人）。如果他們抓到問題了，就會進一步加以解決，因爲他們知道，如果不去處理，公司就會組成別的跨部門小組來處理。簡言之，今天，他們已經成爲日產這家韌力調節型企業自我校正的利器。

「我們經常告訴跨部門小組說：『你們就是公司的鬧鐘。』」執行長卡洛斯．高恩評論道：「你們要負責有系統地檢視外界、做標竿評比、瞭解異常現象，以及提出好意見，好讓公司的績效能夠更上層樓。」

⑻聽取抱怨

韌力調節型企業不會忽略問題的雜音；他們注意聽，並且眞的聽進去了。再怎麼說，抱怨總是令人不悅。沒人喜歡聽自己的缺失，但是韌力調節型企業知道，抱怨也是一種機會……引導公司去改善不盡順暢之處。因此，韌力調節型企業建立機制，不單是把客戶的抱怨浮上檯面突顯出來，連員工的抱怨，他們也同樣愼重。因爲這些人就像是「修車黑手」，知道公司哪裡運作得不錯，哪裡不行。如果你想提升績效，就一定要想辦法去鼓勵他們說出來——像是社區大會、操守投訴專線、客戶訪談，甚至於和客戶的客戶訪談。尤其是員工，必須讓他們把心中的不滿放心地說出來，沒有秋後算帳的疑慮。然而，如果他們所反映的問題，公司既不重視也不去處理，就會顯得這一切，不過是虛應故事，根本沒有誠意。韌力調節型企業會去回應這些抱怨，並採取行動，最後總是給公司帶來正面的改變，不只讓原抱怨者受惠，還讓所有人都同蒙其利。

◎

「我們旗下所有公司，都設有一套正式的申訴系統。」聯邦快遞企業集團人事主管，比爾·卡希爾說道：「以快遞這家子公司爲例，他們的申訴系統稱爲『保證公平處理計畫』(Guaranteed Fair Treatment Program, GFTP)。而且，我們還有一些眾所周知的非正式管道，讓員工表達不滿。在這裡，申訴管道是爲每個人而設的。

「如果我要申訴，我必須去找直屬老闆，告訴他：『請聽我說，這個決定我不能接受。』或是『我覺得這個工作應該給我才對。』」卡希爾說道。申訴必須以書面爲之，而其主管則必須在規定期限內作出答覆。如果申訴者對主管所作的答覆仍然不滿，他可以再往上一層提出申訴。有些申訴案一路進行到公司最高階層，由公司資深主管和執行委員所輪職的委員會來作最後定奪。

「重點是，不管你打贏或打輸，你的意見我們都聽到了。」卡希爾說道；「這樣一來，管理當局就可以獲得組織內部的情報。如果你有段時間老是在同一個地方，聽到同一種抱怨，你就會說：『無風不起浪。應該找人去瞭解一下。』經由這些申訴，我已經一再地看到改革結果非常正面，超乎申訴人的要求。」

除了對申訴作正式檢討之外，聯邦快遞集團每年還對旗下各公司作員工問卷調查。卡希爾說道：「基本上，我們要告訴員工：『把你的想法用匿名方式告訴我們。』只要花兩個禮拜的時間，我們就可以對數十萬名員工作問卷調查。」問卷內容非常廣泛，包括員工對主管的看法、對公司的看法、待遇和福利，以及最重要的，聯邦快遞對客戶的服務情形。問題甚至於還包括員工留在公司或離開公司的意願。

調查報告並不是歸檔存查就結案了；而是整合納進管理發展計畫之中，並且定期監控。在統計上，資料分析作到每個幹部的層次，讓每位幹部可以清楚瞭解屬下在各項問題上，對幹部自己的評價有百分之多少是正面、百分之多少是中性，和百分之多少是負面。這些個人分數最後都整合成一個「領導指數」(leadership index)。誠如卡希爾所說：「幹部知道，如果不能善待部屬，後果將有如惡夢纏身。

「現在，我們知道不能把意見調查本身直接拿來當作結論，因爲這樣做總是多少會誘導員工去玩弄數字，把主管幹掉。也許在我們派主管去整頓不良單位時就會有這個問題。因此，你必須瞭解數字背後的意義，而且假以時日，數字會發展成有意義的趨勢。你每一年都會得到一組新數據，構成員工管理狀況的歷史數列。你的經理會看到，上面的副總會拿到各部門彙總資料，再上面的資深副總也會拿到彙總資料，事業部總經理也會拿到，最後，史密斯拿到的是整個集團的彙總資料。」

聯邦快遞集團不只是聽取員工意見，他們還採用服務品質指數(Service Quality Index, SQI)來評估自己的服務水準。SQI和員工調查類似，是衡量客戶滿意度的重要指標：「有多少包裹的送達日期對了，時間卻延誤了？有多少包裹連送達日期也延誤了？有多少通電話超過規定時間還沒有人接聽？」卡希爾說道：「問題越嚴重，計算公式所採用的權重就越大。」

聯邦快遞集團所做的，不只是這樣而已。他們還舉辦客戶高峰會。「我們的想法是『和客戶談談』，而且我們把這想法發揮到極點。」卡希爾說：「我們經常舉辦客戶高峰會談，由行銷人員企畫，業務單位安排講師。但每年還有一場大型的客戶高峰會，由高階管理委員會所舉辦，成員爲所有資深副總以上人員。我們邀請客戶來參加，分成幾組，坐下來和客戶交談，聽取他們對聯邦快遞集團的意見和往來經驗。我去年夏天參加過一場，而且我可以跟你保證，他們不是只邀請滿意的客戶。我們必須去聽一些我們可以改進的意見。雖然客戶都非常客氣，但還是會坦然的告訴你，哪個快遞員禮貌不佳，或是你最好再買一架新飛機，因爲最近常常延誤。

「即使不是作業部或業務部的人，你都可以馬上知道公司做得如何，以及我們爲什麼要辦這場活動。」

(9)激勵機制要和你的命令一致

韌力調節型企業不會給一種行爲獎金，同時卻給另一種行爲升遷獎勵。所有的獎勵——包括金錢上的（例如，加薪、獎金，和福利）以及非金錢的（例如，升等、調職，和表揚等）——都朝向同一個方向，而且明確地指向價值之所在。不會有「是的，我知道我們應該爲公司做對的事……但是我從老闆那裡得到的訊息不是這樣。」韌力調節型企業的另一個註冊商標，就是考核制度把表現優秀員工以及表現差勁的員工，清楚地區分出來。雖然檢討缺失並不愉快，但是如果不做，就會讓組織充滿了庸碌之輩——因爲不只是表現差的員工會繼續留在位置上不知改進，而且會讓表現優秀的員工目睹公司缺乏成效而變得心灰意冷。韌力調節型企業把激勵機制和重要事項連結在一起，以避免這種困境。

◎

聯邦快遞集團的每一名員工都知道公司的目標。執行長弗雷德・史密斯每年會請所有員工提出建議，然後發布出來……讓大家都看到。他會檢討最近的績效、強弱勢，和重要案件推動情形，然後激勵大家把力量團結起來，達成公司目標。他在總結他的人員管理方法時說道：

「一定要讓員工知道我們對他們的要求，還要讓他們知道，他們做得怎麼樣。必須給他們評估卡。還有，要讓他們知道，這對他們有什麼好處，所以我們設了很多的獎勵方案、很多的利潤分享方案、還有很多的內部升遷。道理很簡單。只是告訴員工他們做得很好。你還要跟員工溝通，讓他們明白，他們的工作很重要。我們一直到現在還是這樣告訴員工：你所遞送的是有史以來全球最重要的商業交易。你不是在搬運砂石廢土。你運送的是某一個人的心臟起搏器、化療藥品、F－18的重要零件，或是關係重大的法律文件。」

比爾・卡希爾進一步詳述說：「我們用一個簡單的目標來連結所有的人，那就是整個集團的獲利能力。有時候，某個案子也許對陸運來說，毛利太低不值得接，但是對整個集團而言，利潤卻不錯——可以帶來更多的快遞業務或貨運業務。因此，雖然各子公司獨立營運，而你的薪資，大部分也受你在子公司的表現所影響，但是就集團的一位主管而言，你每年的年終獎金有相當大的一部分，和整個集團的獲利息息相關。當然，你長期的薪資和獎金（我們有現金和股票等方式），建立在集團績效的基礎之上。」

最近幾年來，聯邦快遞集團要求所有員工共同努力，以提升考核水準。

「起初，大家的心態偏向於『大家要得到相同的待遇』。」卡希爾說道：「這在八〇年代，或許九〇年代初期可能沒問題，那時候我們成長相當快。鐘形分配右偏。但是當我們進入九〇年代後期，和二〇〇〇年代時，我們知道，我們應該要好好的檢視一下績效『好』的條件；否則我們就會面臨優秀人才不斷流失的風險。他們會這樣想：『如果旁邊那傢伙，做的只有我一半，薪水卻領的和我一樣多，那我爲什麼還要爲公司賣命呢？』現在我們告訴幹部：『獎金就是這麼多。把你們最優秀的人找出來，給他們的獎金要超過比率；而表現最差的，獎金則要低於平均。』我們現在已經發現，平均表現水準每年不斷地提升，而鐘形分配也變得更平衡。

「現在，你拿的獎金不再是百分之百，你最高可以拿到百分之一百五十。但是，如果你是表現最差的那幾個，你可能會拿到百分之〇。我們並不採用強迫排名制（譯註：forced ranking，每年會固定淘汰最差員工）。我們也許會制定一些原則，但絕不強迫……只是以漸進的方式來讓獎金和表現相襯。」

聯邦快遞集團的另一個激勵作法是「內部晉升制」。「絕大多數的員工，超過百分之八十五，是在聯邦快遞集團裡，一路升上來的。」年資已有二十五年的卡希爾說道：「我自己就是一個例子，我們還有好多個例子：聯邦快遞的執行長從信差開始做起；還有聯邦快遞的國際事業部執行副總是從搬運員開始做起。我們給他們很好的訓練。他們過去很成功，因此得以高升。他們都已經有很高的成就。」

⑽切勿沉醉於過去成就而不求上進

韌力調節型企業不會志得意滿；事實上，他們認爲有點妄想症可能更好。雖然韌力調節型企業的成就非凡，他們卻從來不會因此而滿足。事情做得好，他們會獎賞員工，然後繼續朝目標前進。他們爲了保持市場領先地位，需要花很多的時間來調校組織，反而沒有什麼時間去炫耀成就。事實上，很多的韌力調節型企業非常討厭跟媒體打交道，不管媒體怎麼求他們也是一樣。因爲那會讓員工失去進取心，同時也讓公司分心。最重要的還是實際數字：績效。

◎

寶潔一向不喜歡別人恭維，而且盡其所能地保持低調。其董事長、總裁、兼執行長，A・G・雷富禮就非常反對炫耀。

「雖然今天，毫無疑問，雷富禮已經是全美最成功的執行長之一，他的風格還是和二十四年前，我看到他的時候，幾乎一模一樣。」財務長克萊頓・戴利說道。而這種行事作風，深深地影響公司，目前該公司把重心放在經營核心產品以及商標的競爭力上。我們必須經常保持憂患意識。因爲，我們的挑戰是，如何把焦點放在寶潔目前的強勢商品上。我們必須經常保持憂患意識。因爲，我們已經把很多競爭對手打得抬不起頭來。而他們，絕不會甘心一直處於守勢。」

◎

卡洛斯・高恩，這位企業重整大師，近年來更是令人刮目相看，當他接受我們的採訪時，一開始就這麼說：「你們太客氣了，把我們當成韌力調節型企業。我們還不能算是韌力調節型企業，那是我們努力的目標。」

他接著說：「如果你問我：『有沒有做哪些特殊的事？』我會這樣回答：『每一件都是。』這很正常。我們的工作就是有系統地去檢視問題、異常，以及所有可以改進的地方。因爲這些都是未來成長和改善績效的種子。例如，在我們進入下一個轉型計畫，『日產增値』之前，我們得先花很多的時間，檢討我們在『日產一八〇』計畫上，有哪些缺失。雖然我們三項承諾都達成了，結果也很不錯。那個計畫非常成功……但是，整個過程總是有改善空間，這樣下一個計畫才會比前一個計畫更成功，更易於執行。你千萬不要說計畫很成功，然後宣布下個計畫也要依樣畫葫蘆。那你就準備要失敗了。」

◎

並非韌力調節型就是完美。

重要的是追求完美的志願和熱情，以及瞭解旅行的收穫在於過程，而不是目的地。任何目標，一旦達成之後就沒價値了；轉而成爲追求更高績效過程中的一道里程碑。「健康」的企業，以及「準健康」企業瞭解這個實際現象，因此他們集中注意力和能量，不斷去求取進步，而不會誇耀成果。卡特彼勒就是這麼一家公司，是下一章的主角。

10
卡特彼勒的基因療癒

邁向韌力調節之路

全球知名工程大型機具製造商，

卡特彼勒公司，原本經營得相當成功，

但到了一九八〇年代，卻變成過度管理型企業。

組織問題無人關心、和市場也漸漸脫節。

該公司唯一須對損益負責的人，

只剩下董事長兼執行長一人。

直到連續三年的鉅額虧損，

終於讓他們驚醒，重新出發，

最後成功改造成韌力調節型企業。

卡特彼勒公司，營收達三百億美元，爲全球知名之建築及土方工程大型機具製造商。雖然其所營事業，多數受景氣循環影響，而且這幾年來，景氣也很差，但卡特彼勒公司自一九九三年來，年年獲利，營收和盈餘雙雙成長了將近三倍。其市場遍及全球，從伊利諾州的皮若亞（Peoria）到南非的普利托里亞（Pretoria），從紐約到印度的新德里，其產品不斷創新，屢屢獲頒品質獎，而且經銷網提供客戶全世界最佳的服務。二〇〇三年，該公司的股東報酬率高居道瓊工業指數成份股之第二，在金融時報全球最佳企業排名第二十七。二〇〇五年，富比士雜誌將該公司列爲全美製造業管理最佳之公司。

卡特彼勒公司是一家高度協調、整合完善的企業，其決策權、資訊、激勵機制和組織結構等構成區塊緊密地合而爲一。員工知道公司之目標，也知道該做什麼來達成目標，行動受到激勵，而且充分授權。結果，卡特彼勒公司能夠一再地在市場上採取果決而快速的行動，因而建立領導地位。這些特性都建立在組織的基礎上，十五年來持續不墜，證明該公司是一家韌力調節型企業。

但是卡特彼勒公司並非永遠都是韌力調節型。一九八〇年代，該公司在連續獲利達五十年之後，企業DNA已經變得整合失當，情況非常嚴重，公司甚且差點垮掉了。卡特彼勒公司只有對其四項構成區塊，進行徹底的改善，才能有今天的成就。

卡特彼勒公司的市場領導地位，是靠著精良的產品技術所建立起來的，也靠此來維持。一九八〇年代以前，卡特彼勒在開發新產品上，一向擁有世界級的工程能力，即使產品較貴，客戶似乎還是不能不買。更何況，產品還可以透過世界級的獨立經銷商網路，提供客戶最完善的服務。誠如卡特彼勒公司一九八五年到一九九〇年的執行長喬治・謝佛（George Schaefer）所說：「我們決定客戶要什麼，造出來，然後告訴客戶：『來，就是這個。』狀況一直都不錯。」

由於產品頗受好評，所以卡特彼勒公司（一直到現在）慣於採用相對簡單的營運模式，即「製造——出貨——銷售」：機器在自己的工廠製造，由公司的全球行銷單位銷售，然後出貨給全球的獨立經銷商。最後，經銷商再把機器賣給營造廠、交通公司、礦場、林場、油田，和其他行業的業者。

過度管理型企業

然而到了一九八〇年代，市場龍頭的卡特彼勒公司竟然成了典型的過度管理型企業。階層制、高度中央集權，導致組織行動遲緩，眼光只放在公司內部，漸漸和市場脫節。但是因為公司獲利一直很穩定（有時候還很不錯），所以組織的問題，不是沒人去關心，就是被忽略掉了。格林・巴頓（Glen Barton），卡特彼勒公司一九九九年至二〇〇四年之董事長兼執行長，他說：「這麼多年來，我們一直做得很不錯，以致沒人想到，也許我們應該還可以做得更好。」

卡特彼勒公司一向都是高度整合，產品零件全部自行生產，而非外購。一九八〇年代，該公司組織上由強大的專業部門（工程部、製造部、定價部，和行銷部等）所構成，每個單位只負責卡特彼勒公司整體營運流程的一小部分。這些專業部門設有「總管理處」（General Offices, G.O.），各有一名執行副總擔任主管，再上去就是公司的總裁了。時間久了，這些總管理處變得權力非常龐大，重大決策都由其定奪。「每件事情都要送到總管理處。那裡是決策中心。」喬治・謝佛回憶道。

但是這些總管理處缺乏衡量指標或激勵機制，無法讓他們有相同的努力方向。總管理處雖然有非常多優秀的幹部，不同專業的總管理處相互之間卻少有聯繫。儘管各個總管理處都把各自的功能作得不錯，但是他們對企業整體概念卻付之闕如。

定價總管（理）處的權力特別大。如果位於非洲波札那（Botswana）的業務代表想要對牽引機打折，這案子要送到位於伊利諾州皮若亞公司總部的定價總管處決定，通常，只是由那裡的基層職員負責。他們才不管你什麼市占率——那是行銷總管處的事。定價總管處很少針對客戶把價格和價值作連結。由於不用對市占率和銷售量負責，定價總管處「決策往往非常專斷，只有在發生重大變化，大家抱怨連連之後，才可能去阻止他們，不讓他們做得太過份。」

在理論上，由中央來定價也是個可行方式，條件是，定價總管處要能夠掌握所有定價所需的資訊，可惜他們並沒有這些資訊。當時，卡特彼勒公司的獲利情形，竟無法以產品別或國家別來分析——只能拿到整個公司的獲利數字。由於缺乏產品別和地區別的獲利數字，定價總管處幾乎只單獨依據成本這一項因素來制定全球售價：如果次年的預測不太好，定價總管處很簡單，只是把售價提高，以彌補缺口。卡特彼勒公司一九九〇年到一九九九年的董事長兼執行長，唐・菲茨（Don Fites）解釋說：「在那個年代，價格並不是市場導向。對我們這些實際接觸市場的人來說，我們的價格比小松（Komatsu）要貴了百分之二十，還拿什麼跟人家拚？我們早就知道不可能會賣得好了。定價一直是個很大的問題。」

喬治・謝佛在卡特彼勒位於法國格諾伯勒（Grenoble）的一個製造單位擔任控制長時，他們曾經計畫在廠內設置自助餐廳，好讓工人可以在廠內用餐，中午休息時間縮短爲半小時，而不是按當時的法國習慣，休息兩小時，讓工人回家吃飯。這在文化上是很大的改變，不過他們總算同意縮短休息時間，在廠內用餐，但堅持餐廳必須供應啤酒和其他的酒。「總管理處的決定讓人深受打擊，他們不准我們在餐廳裡供應酒類。」謝佛回憶道：「總管理處說：『這樣一來，下午就完了：績效變差、廢品增加、意外事故也會增加。』拜託，總管理處根本就不瞭解法國的實際狀況！最後我們決定不接受總管理處的命令，但是，我們也很快地設立系統，檢查總管理處所擔心下午可能發生的問題，而結果呢，績效反而提升了！因此，由此可知，總管理處到底能瞭解多少。」

中央決策權所缺乏的相關資訊，基本上就在作業現場，這是過度管理型企業的特色。由於總管理處的資訊不齊全，而且常常不正確，所以往往會否決掉現場作業主管的決策，雖然他們有更好的資訊，對市場競爭情形也比較清楚。「這只是讓大家浪費許多時間在部門藩籬間作公文往返，而且做出來的決策實在讓人不敢恭維，稱之爲幕僚部門的決策還比較恰當。」

在制度上，總管理處爲成本中心，其績效衡量以及責任、端視費用是否控制在預算之內。但是負責的主管，卻不知道其支出，是否能產生足夠的收入，以支應這些費用。而且即使在營業單位，也沒有關於獲利的資訊。

「你甚至於拿不到營業損益表。地區經理人也許會拿到銷售毛額和市場占有率，但是究竟花了多少費用，才產生這些營業額，他們完全沒有資料。」

在一九八〇年代後期，該公司唯一要對各種損益負責的人，就只有喬治·謝佛一人，他是董事長兼執行長。

陷入瓶頸的決策

卡特彼勒公司變得和所有的過度管理型企業一樣，只專注於內部事務。高階主管因爲缺乏外部市場資訊，只好將精神放在內部作業，基層所提出來的問題，他們會窮追不捨，而且如果下面的人決策不當，也會加以責難。卡特彼勒現任執行長吉姆·歐文斯（Jim Owens），當時在印尼擔任經理，他回憶道：「差不多整個八〇年代，所有事情，我們都要呈報到（皮若亞總部大樓的）七樓，等候裁示。公司裡大大小小的事，都要上面決定。我們不能敏銳的抓住商機。等到決策下來時，商機早就消失了，還有，當時大家的態度很明顯地都是一團和氣，因爲沒有人願意對高層提出不同看法。那段日子眞的是很輕鬆。我們根本就不用去作決策。」

唐・菲茨回憶當時在業務單位的情形，說：「你全部時間都花在取得優惠價上面。你必須塡寫一些表格和說明，有時候，這些事情要花好幾個星期。遇到大案子的時候，所有的行銷人員和業務人員都不是去向客戶說明產品品質，而是花很多時間去申請優惠價。而最後，絕大多數的東西都以優惠價賣出，並不是按正常價，因此讓我們覺得（中央價格管制）簡直就是在自亂陣腳。」

隨著公司越來越重視內部事務，卡特彼勒也就慢慢地和市場脫節。幹部有很高深的專業素養，卻失之狹隘。

「公司裡的高階主管大多數缺乏廣泛的歷練。他們都只是從一種專業升上來的。定價總管處的主管一輩子都待在定價單位裡。行銷總管處的主管一輩子都待在行銷單位裡。他們對於部門以外的事務，完全沒有見解，所以他們只知道作業程序。」

諷刺的是，許多市場的領導廠商，不管是得力於產品創新或是其他保障因素，一直要到競爭優勢遭受挑戰時，才會發覺企業DNA正日漸鬆散。卡特彼勒公司也不例外。該公司組織上的缺失和困境並沒有引起多大的關注，因爲卡特彼勒的產品和經銷商實力就足以應付任何的競爭威脅。而且，坦白說，公司裡大部分的人還是過得相當舒服。「對許多人而言，其實很輕鬆，因爲他們的責任就是照著皮若亞總部的話去做。從某個角度看，這樣你比較不會有麻煩。你只要乖乖聽話，照著去做就行了。沒有意見就沒有意外。」

接著，冰山來了

八〇年代早期，經濟這隻看不見的手終於把舒服的環境破壞了。一九八二年，卡特彼勒公司五十年來首度發生虧損——而且似乎沒辦法停下來，在一九八二到一九八四這三年當中，卡特彼勒公司共計虧損了十億美元。在一九八三和一九八四這二年，該公司每天要損失一百萬美元，全年無休。

八〇年代早期，全球經濟不景氣加上失控的通貨膨脹，讓卡特彼勒優渥的市場成爲許多競爭廠商競相爭奪的目標，尤其是日本的小松公司。

誠如喬治．謝佛回憶：「日本公司開始攻擊了，特別是小松決定要向我們挑戰。我的意思是他們使出全力來向我們挑戰。他們切入中東市場，把我們打得落花流水。他們採取的攻勢是，類似機種，價格比我們便宜了百分之四十。接著他們開始在北美攻擊我們，因此我們必須回擊，告訴他們：『夠了，我們要保住這個市場！』當然，爲了保住市占率，接下來，價格會怎麼變動，你應該很清楚。」

這是卡特彼勒有史以來首次面臨重大競爭威脅，也讓他們從志得意滿之中驚醒過來。這件事「幾乎像是去撞牆。過去我們所做的、所採取的方法，和所執行的策略完全沒有用了，因爲新的競爭者已經打進我們的地盤了，也改變了遊戲規則。往壞處想，不幸發生了；往好處想，這下子可把我們叫醒了。」

救生艇

謝佛和其首席特助，皮特・東尼斯（Pete Donis）知道，卡特彼勒最重要的資產就是配銷系統，不管發生什麼事，都要保住配銷系統。因此他們決定繼續以較低的價格，賣給經銷商，讓他們還有一點點利潤。他們絕不放棄任何一家經銷商，即使這項政策讓卡特彼勒每天虧損一百萬美元，也在所不惜。

卡特彼勒公司盡力地保護其經銷網，但眼前危機，也突顯了該公司成本過高的事實。因此該公司投下鉅資，以十八億美元來推動生產現代化，名爲「希望之廠」（Plant With A Future, PWAF），以大幅降低生產成本。

一九八五年，景氣復甦的浪潮把許多企業之船都升上來了，包括卡特彼勒公司，他們也開始獲利。一九八八年，該公司已經超越了一九八一年的獲利水準，很多人都覺得鬆了一口氣，甚至還有點沾沾自喜，總算熬過了有史以來最大的困境。但是，還是有部分的高階主管不是很放心：PWAF降低成本計畫並沒有根本解決卡特彼勒的問題，即專注於內部事務和回應客戶過於緩慢而無效。喬治・謝佛擔心公司很容易又陷入對過去成就的自滿之中。他在想：「我們這樣做，眞的就已經夠了嗎？如果經濟不景氣再來一次，我們要怎麼辦？我們還能夠使出驚險絕技出來嗎？」謝佛絕對不會讓公司在毫無準備之下，再受重創，至少在他任內不會。

由於謝佛事實上還是整個公司中，唯一要對損益負責的人，所以他在某種程度上，悄悄地決定要做一些較爲長遠的改革。他瞭解，不只是卡特彼勒公司所面對的競爭壓力日益增加，而且就當時的營運模式而言，整個公司裡，除了他以外，就沒人負責來解決問題了。他知道，這些壓力應該分一部分給其他人。

「我們碰上敵人了，就是我們自己」

謝佛位居公司最上層，而公司的官僚作風卻牢不可破，他形容：「他們告訴我的，都是我愛聽的，而不是我應該知道的。」於是他開始每週一次，輪流邀請中級幹部共進早餐，以瞭解問題的特質和嚴重性，他發現，這樣的非正式討論，在許多議題上，往往比高階管理團隊的正式會議，還要來得深入。

早餐會提供了很多資訊，因爲這些與會成員，對於公司弱點瞭若指掌，且沒有染上當下的官僚心態而不願多談。卡特彼勒和其他許多的中央集權公司一樣，由一小組非常高階的幹部所領導，他們往往爲了幫董事長分憂解勞，而把太多的精神用於處理眼前問題。

謝佛很快就知道，他需要一組專案小組來協助卡特彼勒的改善工作，但是如果讓高階主管參與，可能會使其他較資淺的幹部，不願意把心裡的想法說出來。所以他把高階主管摒除於小組之外，往下一層找人。謝佛要這些高階主管，把他們手下最聰明、最優秀的人才列名報上來。當名單彙總上來時，「大概有四十位，但是，我所認識的那一、二位並不在裡頭，因爲這幾位可眞是天生反骨啊——他們思路清晰，可能會『壞了大事』。」謝佛從這份名單，加上那些「天生反骨」，挑出了大約八名的中級主管，組成卡特彼勒第一個策略規劃委員會（Strategic Planning Committee, SPC），協助規劃卡特彼勒的未來。

SPC小組每星期開會半天，所有的問題都要回歸到基本原則，掌握公司的現況和發展方向。討論重點並不侷限在組織問題：什麼事情都可以提出來談，所以前幾個禮拜，大家爭辯得很激烈，討論範圍也很廣。謝佛記得：「頭幾次會議，其實很粗糙。各種素材都端上了檯面，這些都不是我在高階幹部那兒所能聽到的。」格林・巴頓也是與會成員，盛讚謝佛那種寬容，允許天馬行空、毫無限制的討論：「他不會處處自我辯護。他不會突然說：『好了，不許你這樣做。』或是『這不是我們這個會的目的。』對於討論事項，他並未設定方向，而是傾聽和接納大家所談的事情，以及所遭遇到的困擾。」

當時，公司裡頭其他人只知道有這麼一回事，但坦白說，對於能做出什麼名堂來，並沒有抱著太大的期望：「喬治・謝佛宣稱他組成了一個思想突破小組，他說：『一年之後，我們會拿出成果，告訴各位我們所要做的事。』（但是）我並不覺得這會帶給任何一個人，任何一絲希望，因爲我想，沒有人認爲他們會提出重大改革，好比說是組織重整。」

然而，一段時間之後，SPC的認知就越來越清楚了，卡特彼勒的根本問題在於組織特性上，需要對組織作個大幅改造。SPC認爲卡特彼勒「就最終客戶的角度來看，並沒有把事情做好。我們的反應過程太長了，調整價格的程序太長了，所有的事情都要經過階層制的層層關卡。太慢了。而且有時候，對於所要處理的問題，還不太瞭解。」因此SPC開始發展一些構想以解決問題：「我們的責任分派並不明確。如果我們可以把組織調整得更好，有最佳的結構，那麼我們的反應能力將有所改善，我們的組織就會更有效，更具競爭力。」

案子進行了七到八個月之後，謝佛認為時機成熟，該把SPC的結論介紹給高階主管。但是，此事非同小可，因為他們的結論不僅沒有特別去討好高階主管，還要把這些高階主管在卡特彼勒花了一生心血所建造的組織打破。所以謝佛採取逐步的方式來介紹，先邀請當時的總裁和執行副總，唐・菲茨和吉姆・華格士蘭（Jim Wogsland）來參加SPC。謝佛回憶道：「起先的幾次會議非常艱辛，因為（菲茨和華格士蘭）一聽到我們的想法就說：『你們怎麼可以這樣做！』但是當他們深入研究，掌握了整個邏輯、精神，和專家看法之後，他們很快地就加入了我們的行列。一旦他們加入之後，我就知道事情已經差不多了，因為我也可以說服其他的人加入。那個月真是不好過啊。我不希望他們只是考慮而已，我要他們眞正地認同這個案子。」

而他們是眞的認同了。菲茨說：「我們不能再靠（總管理處）這種模式了。雖然我們來自於作業單位，但我們知道公司充滿了很大的挫折感，我們應該要改革才對。」不久之後，菲茨成為執行長，負責帶領卡特彼勒作組織改造。

新的組織藍圖

雖然卡特彼勒組織的四項構成區塊到最後都要徹底翻修，但謝佛和菲茨他們一開始就進行大規模的組織改革，讓整個公司從安逸之中驚醒過來，儘快地用新組織藍圖來領導公司。他們把「責任」大幅地向下調整，重新規劃卡特彼勒的組織，化爲「負起損益責任」的事業單位，使他們各自擁有損益表，能依各單位的獲利狀況來評估績效。

令人訝異的是，那些專業總管理處，前一天還「雄霸一方」，決定著所有的事情，竟然就此消失。其部門內的專業人才，包括工程、定價，和製造等，都分編到新的權責單位。決策權，過去掌握在大權獨攬的專業單位手上，也一併下放到這些新的權責單位。這些事業單位現在自己就可以設計自己的產品，發展自己的生產流程和時間表，也可以自行定價。不用再向總部請示。

起初，新組織打算逐步實施，先把損益獨立的觀念在一個事業單位上試行，當大家可以接受這個觀念之後，再逐步推廣到其他單位。但是後來方式改變了，因爲高階主管和董事會認爲，確保所有卡特彼勒的人眞正改變作業方式的唯一辦法，就是把所有單位一次全部設立出來，強迫員工覺醒，讓他們瞭解，未來的事業將是全新的關係、全新的結構，和全新的經營方式。

「然後，」喬治・謝佛現在笑著說：「我就退休了。」

宣達：大震驚

新組織幾乎對每個人都有深遠的影響。而其宣達的方式之明快、之讓人震驚，更是毫不遜色。吉姆・歐文斯當時在印尼擔任經理，他回憶道：「我在一月四日接到電話，那天是我的生日，在加州的史闊谷（Squaw Valley）渡假。在飛回印尼途中，他們告訴我會升上副總，並擔任太陽事業單位的總裁，最後還交代不得告訴任何人，並且在一月二十八日到皮若亞開第一次的諮詢會議。到時候自然會向我解釋清楚。

「就這樣。我問說，我是不是可以去找我要接任的人談談，但是他們不准我告訴任何人。『你到皮若亞來，別太早到。會議在二十八日上午。你二十七日晚上到。』我去了，而且高階辦公室那邊沒有人知道會有哪些人參加！」

幾乎在一夕之間，整個高階經營團隊完全變了。

歐文斯回憶說：「事情非常突然。當這個突如其來的消息宣布了之後，接著公告就一大堆，五、六個高階人員退休了，變成一個全新的團隊。基本上這是個『讓人慘叫』的革命。」許多原來權力很大的專業部門主管被降職，派到事業單位擔任小主管，他們的老闆也換了，變成產品經理或行銷經理，在以前，這些新老闆還得聽他們的指令。「那麼，以前那些衡量指標和流程呢？全不見了。」

釋出決策權

卡特彼勒經過喬治・謝佛徹底的SPC和唐・菲茨的大幅調整之後，新組織穩固地建立在幾個核心原則之上。最基本的原則是，事業單位主管擁有決策權，可以按照自己的想法經營業務，不再受總部的干擾。各事業單位之間可以依市場價格相互移轉原物料，也可以依照需求向外採購。他們可以自行決定價格，開發設計自己的產品，並且創造自己的生產和行銷計畫。

但是和權力密不可分的是，事業單位必須爲其決策負責，他們用獲利能力和資產報酬率（return on asset, ROA）來衡量。如果一個部門的ROA無法達到百分之十五，就可能會被裁掉。

在新模式之下，由於決策差不多都已經由事業單位的主管負責了，因此，總部的角色就和過去有所不同。第一，因爲許多以前在中央決定的事，如今已改由事業單位負責，所以，總部在組織上可以再行精簡，減少層級。第二，總部幾乎把重點全部放在事業單位目標設定和績效衡量之上，而且事實上，這正是菲茨每天的工作重點。他定期和各事業部副總開會，以活頁式筆記本記下這些主管所說的目標。下次開會時，菲茨會取出筆記本，把每位主管的績效和前次會議中所說的目標作檢討：「你上次所說的目標，現在進行得如何？這方法很有效。」菲茨回憶道：「我們不再把精力全放在內部細節上，而是放在最後的成果上。我們所要的是什麼樣的成果？」

對事業單位主管而言，兩種模式會產生明顯不同的行爲：以組織改造前的瑞士廠廠長爲例。他依照皮若亞總部的命令，以指定的價格，向指定的供應商購買指定的機器，然後在既有的工廠配置下，裝配起來。他按照皮若亞所畫的圖，以及所規定的製造流程來製造零件。一旦做出來的零件有問題，他會打電話給皮若亞，抱怨設計有問題，機器有問題，或供應商有問題。很自然地，他的行爲就是怪罪別人，因爲是總部的設計、總部的機器，和總部指定的供應商，總部要負責把問題解決。

但是在組織改造之後，同一個廠長，總部只會告訴他挖掘機生產線的獲利應該是多少。當作出來的零件發生瑕疵時，他就找不到理由打電話去皮若亞了。他反而必須自己去解決問題，而他也掌握了所有的工具——如果是供應商的問題，他的採購小組可以找別家。如果是設計圖有問題，他的工程師可以重新設計。在新模式之下，責任明確，強迫大家要深入問題，把注意力放在尋求解決方法上，而不是責怪他人。

教專家賺錢

所有高度中央集權企業都有這個問題，他們的幹部缺乏廣泛管理經驗，卡特彼勒也不例外。雖然權力集於中央，組織藩籬之內還是有許多非常專業的人才，但因爲他們專注於「依照總部指示工作」，所以很少能夠像個總經理一樣，經常去處理各式各樣的問題。對這些組織而言，權力下放到各單位，很可能會把人才能力不足的缺點暴露出來，因而對改革裹足不前。

卡特彼勒公司也不例外——組織改造當時，公司裡的員工很少具有經營事業的經驗。更糟的是，由於卡特彼勒的主管都是由內部升上來的，所以幾乎沒有一位中級幹部或高階主管具有其他公司的工作經驗，更不用說是主管經驗了。他們都是在舊式專業取向的卡特彼勒公司裡成長出來的，非常瞭解舊式專業組織的運作模式，只是這些舊式組織藩籬已經被清除掉了。然而，公司還是從他們之中選出幾位，把數十億美元的重要事業單位交由他們管理。

新任的全球產品經理在缺乏正式訓練的情形之下，就必須去經營大型事業。「這個工作最神奇之處是，他們根本就不知道要向你要求什麼。沒有一大堆的指導手冊。我們自己就是指導手冊，可以說是非常少有的過度授權。只要我們認爲對的，就可以放手去做。我們可以根據資訊做決策，也得到相當大的支持。我們簡直就是國王。」

有幾位不能適應這種新的自治模式，後來被調到責任較輕的工作。但其他幾位則發現新的決策權相當令人振奮，迫不及待地去看他們部門第一份損益表。AJ・拉希（AJ Rassi）在組織改造後不久，擔任位於伊利諾州奧若拉市（Aurora）的鏟土機和挖土機部的總經理，回憶他第一次看到部門損益表的情形說：「我非常的興奮，因爲我的部門非常賺錢，而且我可以知道，我們幫公司賺了不少錢。我們拿到損益表之後，便每月召開會議，和奧若拉的高階主管分享。而且，在廠長級會議裡，不管賺錢與否，都會讓每個廠看損益。在此之前，那是不可能的。」

其他的人可就沒那麼興奮了。吉姆・德斯潘(Jim Despain)擔任推土機產品部副總，那是卡特彼勒公司的發祥地，當他看到有生以來第一份損益表時，驚訝地發現「我們的虧損不小。而且我們一下子也不知道該如何改善。這是有史以來第一次讓我們知道我們正在虧損，因爲公司很賺錢，而我們的產品是公司的根本，我們的產品最好，工廠也是公司的創始之處，員工經驗最好。」AJ・拉希說得好：「我加入了卡特彼勒推土機公司，但我們的推土機卻讓公司虧損。」

但是擁有資源和權力的經理人最終還是會找出辦法來讓事業獲利。新模式所帶來的責任感和自治能力，很快的就在卡特彼勒人才庫中，激發出大量的創業精力和領袖管理紀律，雖然這些人過去所受的訓練和成長環境，導致他們對工作的看法和新模式有所不同。「大家眞的很努力的想辦法來讓部門賺錢。突然之間，你會發現大家都在努力地幫我把成本降下來，並且做了許多必要的調整。

「在新制之下，我們這個大製造廠終於曉得反省：『慢著，我們是裝配廠，也是機械廠。爲什麼要自己做鋼板切割的工作？把這個工作外包到墨西哥，成本是每小時四塊美元，自己做卻要每小時四十塊美元。我們已經在擔心今年要怎麼辦才能把成本往下降個一千萬美元、二千萬美元，甚至於五千萬美元，如今，唯一的辦法就是把那些不該由我們自己做的東西，一個一個的全部找出來。』這眞的是個催化劑。而且很快就看到效果了。大家開始規劃一年和三年計畫，而成果之好，幾乎讓我們爲過去的作法感到羞愧。」

新組織的資訊

這次企業改造，成立了損益獨立的事業單位模式，也把集於中央的決策權大幅地下放到各單位。同時，卡特彼勒也把公司裡的資訊流和績效衡量指標加以改變。資產報酬率因爲正確性高、簡單，且容易使用，成了卡特彼勒的總體目標，卡特彼勒公司裡，大多是務實的工程師，簡單易用的指標，對他們而言非常重要。

移轉價格——資訊的無名英雄

很清楚地，部門主管需要部門損益表和資產負債表來經營業務。但是卡特彼勒只有少數部門的產品銷售給外部客戶；其他的部門則缺少實際銷貨數字，以致損益表的第一列無法表達。卡特彼勒公司如果想要落實利潤中心制，對於產品大部分調撥給其他單位使用的部門，其部門收入，就必須制定一套衡量方法，才能讓這些部門對損益數字負責。卡特彼勒公司用移轉價格來衡量部門間相互「買進」、「賣出」的中間產品。

移轉價格的重要性很容易被忽略掉——畢竟，這太像「玩具鈔票」了，因爲只是在部門間作金額的轉撥動作。然而，由於移轉價格可以在組織裡，創造出供給和需求的經濟力量，所以這個經常被忽略的東西，其實是卡特彼勒這種利潤中心模式能夠將各單位整合起來的關鍵。

由於他們採用市場機制爲參考標竿，所以部門間往往要經過討價還價，才能決定移轉價格。討價還價的過程經常是吵吵鬧鬧的，而且非常冗長，所以耗掉不少的管理時間和精神。但這正是新組織的運作基礎。吉姆．歐文斯回想起組織改造之後兩年的一場管理諮詢會議，他說：「一大群的副總聯合起來，有的來自物料採購，有的來自工廠，認爲他們爲了移轉價格，浪費太多時間在討價還價上。

「他們跑進來開會，說：『我們太重視內部事務了；我們浪費了太多的時間。』他們不斷地說著，還作了小型的簡報。然後，菲茨起身說道：『你們眞是搞不清楚狀況。你們的成本，半數來自於外購。而美國鋼鐵公司在跟我們談價格時，他們可一點都不會覺得痲煩。所以我要你們把這套東西建立起來，而且，這就是我們這套制度的運作方式。如果你們不願意照著做，你們也別想再待在這裡了。』簡單幾句話就把這場爭議結束了。」

具有經濟學專業背景的歐文斯當時是新任的財務長，他認爲事業單位架構的力量，就在於能夠顯示出公司何處發生了成本問題，但是這個力量，只有將價格移轉建立在討價還價的市場機制上，才能發揮出來，「因此，虧損，可以顯示出何處發生成本問題。而一旦你不能照著這個紀律來做事，你就已經失敗了。（菲茨）這麼堅定的立場，的確讓我感到興奮。」

所有會計難題的根源

要建立一套全新的資訊和衡量指標，以支援新組織，並確保運作正常，可不是一件簡單的事。必須規劃出一套全新的指標——部門損益表需要哪些項目？應該採用哪些衡量指標？以及這些項目如何驅動獲利能力，同時還能適用於所有部門？這套指標必須很快地開發出來，同時還要非常明確、非常可靠。

菲茨回想起當年這項挑戰的困難情形。大約是在一九九〇年六月，「我去找會計部的人，他們必須把這一大堆的資料拆解出來，好讓每個部門都有一套損益表和資產負債表，我問說：『這要花我們多少時間？』會計部回答說：『我想，應該要三年才能完成。』

「然後我說：『我希望所有的部門，今年的預算都用新的部門資產負債表，還有部門損益表。』我們的會計長巴布·蓋勒格（Bob Gallagher）眞是欲哭無淚。我以爲他會當場昏倒！但是你知道嗎？他們做到了。而且還做得非常好。我們幾乎不用去修正這套損益表和資產負債表。那六個月，也許是我們這裡最驚人的轉變。」

新組織的激勵機制

卡特彼勒的組織改造還包括重新制定整個薪獎制度，雖然，唐·菲茨認爲：「生存，就是最大的激勵因子——公司的生存、你個人以及工作上的生存、你所喜愛和所設計產品的生存，還有工廠的生存。」不過，他們還是會根據當年績效，相對於前一年的進步情形，提供金錢上的獎勵。組織改造之前，個人獎金多寡，是依照公司整體的表現，而不是事業單位的目標達成情形。組織改造之後，依據員工所屬單位的目標達成情形，可以領到年薪百分之七到百分之四十五的獎金。

這些激勵措施串聯到整個組織，並且協助事業單位把經營重心放在具體可測的結果上，讓轄下員工知道該怎樣去努力。例如，某一廠把焦點放在交期的達成情形上：「我們專門生產一些小零件，而我們希望得到準時交件的美譽，因爲生產母廠如果只因我們交期延誤而導致生產中斷，他們可是會瘋掉的。所以我們的獎勵措施明顯的偏向（交期達成情形）。結果，我們不用時時去催促，（交期）也開始可以達成了。」

謝佛則盛讚獎勵措施可以深入組織，讓改革工作獲得普遍認同。「中低層人員對於這些改革措施的認同問題，一直讓我們感到很困擾。但是，如果你告訴他們：『如果你能把業績提升百分之十，獲利增加百分之二十，那麼你就可以領到這些獎金。』他們就會爭先恐後地接受改革措施。」

卡特彼勒董事會的薪獎委員會爲高階主管制定了長期獎勵辦法，同時也針對個別單位，設置了短期獎勵辦法。根據短期獎勵辦法，事業單位主管如果能夠達成ROA目標，即使公司沒有達成總體目標，也能獲得獎金。但是絕大部分的獎勵，還是來自長期獎勵辦法，如果公司的ROA高於十五家左右的同業，而且還達成獲利成長目標，高階主管就可以拿到獎金。格林・巴頓認爲獎勵辦法已經「讓員工好好地合作，並且瞭解到公司也願意根據績效來獎勵他們。」

不過，在時機上，卡特彼勒也算是幸運的了，從一九九三年到一九九四年，當組織再造開始發揮功效時，景氣也正好開始復甦，「全球景氣開始好轉。大家開始執行營運計畫，也開始拿到許多獎金，他們說：『嘿，這眞是一家好公司。』這非常好，因爲成功，加上獎金，改變了大家的觀念，認爲這些改革很不錯。員工不再抗拒改革，反而支持改革，他們說：『眞棒，我們做對了，這樣做，我感到很榮幸。』」

否極泰來

卡特彼勒的改革成果，就財務數字而言，簡直是神奇的不得了。該公司在一九九二年虧損二十四億美元之後，一九九三年盈餘就轉爲正數，並且在二〇〇四年創下二十億美元的獲利紀錄。卡特彼勒的營收幾乎成長了三倍：從一九九二年的一〇二億美元成長爲二〇〇四年的三〇三億美元。卡特彼勒的成果不只是顯示在營收和盈餘而已，許多作業指標也相當不錯。格林・巴頓估計他所帶領的建築和礦業產品部，其產品經理層級的人數大約減少了百分之三十，「就只因爲這些人，若不是多餘的，就是公司已經不再做這些業務了，而且決策過程也很簡單。」格林・巴頓記得他強迫其中一個部門提出長期計畫，要他們的ＲＯＡ達到百分之二十，後來，他們只是砍掉一些成本和人員，就讓部門一年的ＲＯＡ超過了百分之一百。經過這麼長的一段時間之後，卡特彼勒將其產品開發時間，從改造前要四十八到七十二個月，縮短到現在大約只要三十六個月，對固定資產的需求也減少了，因爲資產多寡，會影響到產品的獲利能力，所以各單位再也不會爲了一項產品升級，就以大量投資的方式來更新作業。

然而眞正重要的並不在於卡特彼勒的財務數字或作業改善。而是以往卡特彼勒各單位、各個角落的那種過度管理型企業日常行爲的改變，他們把焦點放在客戶和獲利能力上，而不再是內部程序和預算。

例如，卡特彼勒在產品開發上，更能配合經銷商和終端客戶的需求。因爲現在各個產品事業單位，其新產品研發部門都配有足夠的專業人才，在產品開發上也得到充分授權，不用再向其他單位請示，所以在資訊充足的情形之下，可以做得更快，更能配合客戶需求。一九九五年，卡特彼勒只花了三年的研發工作，就推出了D9推土機的革新版。該機型非常成功，兩年之間就拿下了百分之百的北美市場。由於D9R在客戶眼中，各方面都勝過小松的產品，所以小松只好全面退出北美市場。

卡特彼勒另一個對客戶和競爭者作靈敏反應的例子，是該公司拿下了加拿大溫哥華郡政府的八百套道路維修機具標案。卡特彼勒的主要競爭對手詹迪爾（John Deere）提供了很大的折扣，志在必得。但是卡特彼勒很快地組合出一套非常吸引人的租賃方案，比迪爾的條件還要好，終於贏得這個案子。當時溫哥華的區經理還記得這件事，認爲這個方式是以前舊組織所不可能做到的：「首先，這種作法，我們必須開發出各式各樣的行銷和銷售計畫，然後呈給卡特彼勒的財務部。那是個非常周延的方式。其次，我們必須要能夠在兩個月之內全部交貨，所以基本上我們必須占用整個迪凱特（Decatur）廠的產能兩個月，專門應付這個客戶。在組織再造之前，這是絕對不可能的事。我們這種層級根本就無權這樣做。就算提出建議，也要在以前的定價總管處上花個一年的工夫；然後，產能的配置也會牽涉到策略問題，根本就不可能。」

另外一個例子顯示出新制的影響力，提供銷售團隊適當的工具和資訊以銷售新產品。在組織改造之時，卡特彼勒公司的液壓式挖土機產品線中有個缺口，他們沒有四十噸的挖土機，而這是北美市場很重要的產品。經過數年的研發，該產品部終於推出了四十噸的挖土機，345號，並且以前所未有的方式促銷。他們作了競爭分析，並且花了一百萬美元成立訓練所，提供三天的液壓式挖土機訓練課程，讓銷售團隊在銷售這部機器時有很好的武器。訓練所裡備有實機展示，舉辦晚宴，還爲銷售團隊請來講師，他們一共辦了三場。「非常成功，讓人難以置信。我們達成目標了，這麼多年來，我們第一次教業務員賣機器。幾乎在一夕之間，我們的市場占有率從非常非常低的百分之二十，提高到百分之三十八。頭兩年，公司的銷貨毛利就增加了三千五百多萬美元。（我們的產品）無可取代，競爭對手的市占率就這樣被我們給拿下來了。」

卡特彼勒的製造部門也同樣地充滿了這類靈敏反應、獲利導向的例子。在卡特彼勒的墨西哥廠，「我們開始注意鋼鐵的使用情形。一平方英吋，半英吋厚的鋼鐵，成本大約是一美元。我們買進來的鋼鐵，大約有百分之二十八廢棄不用，只能當下腳賣。但是我們發現，以我們的人工成本，我們可以利用這些下腳，把廢料裁成小鐵塊。在重型機械上，到處都有這些小鐵塊——很多東西都可以固定在上面，如：電纜、軟管，和拉桿等，而這些都是兩英吋見方。

我們只要從廢料中把這些小鐵塊剪下來，放在桶子裡，裝滿二十桶之後，就發一封電子郵件給法國格諾伯勒（的本廠），說：『嗨，這個料號我們有二十桶，你可以下單過來了。』我們用半價賣給他們。公司要鼓勵大家做這種事其實很簡單，只要留意身邊的問題就夠了。我們廠裡面到處是這種例子。一平方英吋的鋼鐵相當於工人半小時的薪資。」

卡特彼勒製造單位裡頭，改善最顯著的，大概非東皮若亞的推土機廠莫屬了。在改善期間，吉姆·德斯潘是該廠的主管，他對於組織改造把決策權下放到各單位所發揮出來的力量，有這樣的評論：「當員工覺得身負重任時，他們可以做出很了不起的事來，如果你眞的讓他們負起重責大任。我永遠不會忘記，在廠房下面的那些高手，我們的焊接工人。

「我們讓一位合作意願很不錯的工人，負責在焊接修護區裡，找尋節省成本的方法。我們用這種紅色小鏡片，戴在焊接機器人的眼睛上，好讓機器人照著焊接路徑作業。而這些小鏡片很快就會燒壞了，因爲燃燒中的焊渣會不斷地打在鏡片上。這些鏡片每個要六十二美元，而他找到一種辦法，可以在我們的工具間裡做出類似的東西，只要六美分。六十二美元變成六美分。而且，這類事情還有很多。」

有一次，生產線一個按時計酬的焊工在作業現場把德斯潘叫住，「他說：『我要你過來看一下我們這組所做出來的東西。』於是我就走過去看，我非常佩服，我說：『嘿，如果你不介意的話，我想帶幾個副總過來這裡，讓他們瞧瞧。』他說：『可以，沒關係。』我說：『這星期五你看怎樣？』他說：『啊，星期五不行，我要到克里夫蘭——我在一本雜誌上看到他們已經試出一些東西出來了，我想過去那邊看一下，看看我們這裡能不能用。』

「我說：『好吧，非常好！下次我碰到你的組長時，我會告訴他，他能夠支持你們做這些事，我眞的覺得很難得。』但是他說：『不過，我還沒告訴他呢。』而我的想法是：『這個人，已經得到充分授權了！』」

德斯潘的部門從一九九〇年的嚴重虧損，變成一九九五年的顯著獲利，而員工人數也由四千五百人減到二千人。「我們從來就沒有投資一毛錢去取得新技術，也從不去依賴外面的廠商，」他回憶說：「我們只是把員工一起工作的方式作個改變而已。讓他們抓住機會，發揮創意。他們會拋開自己的想法，開始注意更大的格局。」

在組織改造之前，就如同德斯潘的想法一樣：「我們似乎有很多人，根據他這輩子在職場上的所見所聞，一直認爲他們只能無奈地接受現實。而當我們告訴他們，事實上，一切都看他們自己時，他們才總算釋懷。三十年後，幾乎每個組長都要排隊等退休，他們會公開地討論這件事——『我一年後就要離開這家公司了，或者有的人是四個月後，或者是三十天後。』不管多久。但，同樣的這些人，我們也聽到他們說，只要可以，他們願意一輩子留在這裡工作。我們這裡竟然有人放棄了升遷機會，只是爲了要留在這裡。升遷哦！」

韌力調節型企業

今天卡特彼勒公司和當初組織改造時，多少有些不同，但是組織最初的原則，依然維持不變：去中心化、強調獲利能力、以市場機制為基礎的移轉價格，以及分責會計等。事業單位負財報責任的模式，其基本架構從一九九〇年設立以來，一直沒有改變。現在增加了許多不同的單位，但也有一些單位因為績效不佳而被消滅了（例如，農機部、起重機部），還有一些單位則因為業務很成功、成長很可觀（例如，引擎部），而分割成許多新部門。但是卡特彼勒十五年前所設立的組織模式，基本上還能夠一直維持不變，並且成功運作，成長興盛至今，這個事實，正是該公司為韌力調節型企業的最好見證：在卡特彼勒，組織不會「每月換口味」——卡特彼勒不會像其他公司一樣，為了「提振士氣」，每隔幾年就來一次組織改造。那種觀念，在卡特彼勒公司裡是會被譴責的。

今天，卡特彼勒顯示出所有韌力調節型企業的特性。例如，卡特彼勒在二〇〇一年就展現了對信念的勇氣，為了符合美國環保署越來越嚴苛的貨車引擎排放標準，該公司宣布，將在引擎上採用革命性的先進燃燒減排技術（Advanced Combustion Emissions Reduction Technology, ACERT）。當時，所有的柴油引擎製造商都在推銷過時的廢氣再循環（Exhaust Gas Recirculation, EGR）技術，認為這是唯一能符合標準的方法。但卡特彼勒認為EGR只是權宜方法，ACERT才是比較好的長期解決方案。然而，這項決策基本上讓卡特彼勒必須在新技術上「孤注一擲」，而且在二十年中放棄其他技術的研發，包括EGR。除此之外，美國環保署新標準生效之後，該公司所銷售的引擎都要繳交「違規罰金」，因為完整的ACERT一時之間，還無法就緒。但是現在，卡特彼勒所有道路行駛用的引擎，都使用這項技術，也得到客戶普遍的稱許。卡特彼勒還開始把ACERT引擎配置在非道路行駛的機具上，而且該公司負責開發這項技術的兩位工程師，還榮獲智慧財產權人協會（Intellectual Property Owners Association）評選爲二〇〇四年最佳發明人。

卡特彼勒和所有的韌力調節型企業一樣，每隔一段時間就會把目標再調高一些，讓其所能達到的範圍，不斷延伸。雖然卡特彼勒有不少的業務景氣波動很大，但該公司在一九九三年反敗爲勝之後，還繼續加碼，他們要證明，除了在景氣高峰可以賺錢之外，景氣低迷時也同樣可以獲利。事實上他們做到了，在最近的景氣谷底，二〇〇一年，該公司獲利超過了八億美元，而且再把標準提高：接下來的目標是在景氣高峰時，達到「驚人的利潤」，這點，他們在二〇〇四年也做到了。他們下個目標是，在每個景氣谷底，獲利能持續增加。

卡特彼勒組織從狹隘的專業總管理處，改造爲負損益責任的事業單位，其重點在於促進「水平」思考，這也是韌力調節型企業的另一特性。卡特彼勒在培養管理人才時，不斷地強調橫向發展，刻意將主管在不同的事業單位、專業領域，和地理位置之間作職位調動。幾乎每一位主管，在卡特彼勒公司做個幾年之後，都有二至三個不同事業單位的工作經驗。結果，卡特彼勒在管理上備用人選之充裕，業界無出其右。事實上，由於卡特彼勒的組織結構，很多事業單位基本上由各單位的總經理獨立管理，已經「讓我們發掘出許多事業領導人才，在以前，我們可能沒辦法這麼快就發現他們。」用格林・巴頓的話來說：「在這些過程當中所發掘出來的人才，其領導企業的資格非常非常的好，能力也很不錯，而且遠比我們過去舊官僚體制下所能瞭解的，還要多很多。」

卡特彼勒還建立制度來傾聽抱怨的聲音。自從喬治・謝佛之後，每一任董事長都知道傾聽公司裡關鍵意見的重要性，也都召開策略規劃委員會，幫助他們解決任內最重要、最具挑戰性的問題。

今天，卡特彼勒的事業會「自行矯正」，即，高階人員不必催促，就會有人去採取改善措施。誠如一位高階主管所言：「這家公司眞的隨時可以在無預警之下，進行業務擴展或成本改善工作，而且我們知道要從何處著手……到現在一直都是這樣，也許有的單位做得比較好，有的沒那麼好，但他們都是自動自發的，不需要我們去操心。舉例來說吧，雖然今年我們正努力衝刺，要打破紀錄，但還是有好幾個單位取消了第四季檢討大會，跑去旅遊或從事其他娛樂活動。在以前，這根本不可能發生，因爲我們一直要等到層峰出來說：『我們已經節省了百分之十。』才會去做。由於我們業績還在持續走高，有些單位眞的就這樣做了。一切都在掌控之中。」

最後，一如所有眞正的韌力調節型企業，卡特彼勒並不會因爲成功就鬆懈下來。即使卡特彼勒已經完成組織改造，成爲韌力調節型企業，他們並不因此而洋洋得意，他們每一天都在努力，都在改善。二〇〇〇年，格林・巴頓將六個標準差（Six Sigma）流程改善計畫引進公司。雖然六個標準差的熱潮早就在一九八〇年代末期消退了，但沒有任何一家企業能夠像卡特彼勒一樣，那麼快速、全面而完整地讓六個標準差執行成功。

總結：實現理想

卡特彼勒的故事證明了任何企業，不論是遭遇到組織上或競爭上的挑戰，都可以改變自己的命運。但是這種轉型工作所需要的心力，非同小可，在執行上能夠成功，也絕非偶然。要採取何種改革措施，當然要依各個企業所面臨的環境和挑戰而定。但是卡特彼勒從過度管理型轉變爲韌力調節型的過程，包含了某些轉型工作的關鍵因素，這些因素，普遍存在於所有的成功轉型工作之中。

三個關鍵要素

首先最重要的是，卡特彼勒公司轉型的特點是，對組織問題和解決方案作深入而徹底的瞭解。

喬治・謝佛對組織問題有直觀的瞭解，也知道眞相可能存在於何處，所以他在成立策略規劃委員會時，成員並不是來自於傳統思維的人，而是召集一群瞭解組織眞相，也願意說出眞相的人。他鼓勵自由發揮的辯論，而且用心聽，不去和他們爭辯，最後，對這些打擊個人士氣的言論，他不僅不會排斥或加以忽略，反而還接受了這些意見。後來，雖然謝佛自己不能親自督陣，卻找到了執行計畫的合適人選，並且把棒子交給他。自從謝佛發展出策畫規劃委員會的想法之後，很自然地，其後幾任的董事長也都定期的召開類似的策略規劃委員會，以協助引導公司策略或推動重大改革。

第二，整個組織改造的計畫和推行，採取迅速、猛烈，而明確的方式。

雖然高階主管一開始曾經想用漸進的方式來推動組織改造，但是當董事會堅決認爲這種方式會讓改造計畫失敗後，他們就很快地放棄了逐步推行的想法。因此，一九九〇年一月二十六日，組織改造計畫公布時，內容廣泛而深入，並且在整個卡特彼勒系統裡，引起了相當大的震撼。誠如吉姆・歐文斯所描述：「整個事件可以說是天翻地覆。就好像有人併掉我們公司一樣。當時的情況就是這麼慘烈。」新組織在許多地方和傳統的卡特彼勒方式完全相反：「所有的事務都不再集於中央了。我要你離中央越遠越好。我不要你去考慮別人的問題，你只要考慮你自己的問題。」

第三，領導人的決心，尤其是唐・菲茨在整個執行過程所展現的決心，可以說是毫不動搖，而他的堅持，正是關鍵。

雖然一開始，新組織有許多小瑕疵不夠完美，菲茨卻反對在新組織初期就一直爲了追求完美而改來改去。在最關鍵的第一個月裡，如果新組織不斷地發布修正事宜，可能會讓威信蕩然無存，導致員工心存觀望，還會鼓勵他們去遊說，要求修改規則，就是不肯下定決心接受新組織。今天，一位卡特彼勒的高階主管，從菲茨的新組織推動過程中學到一句話：「與其朝令夕改，追求完美，不如接受瑕疵，卻持之以恆。」

也許因爲改革的範圍非常廣泛，並且雷厲風行，組織裡沒有人會認爲這件事（至少長期上）是「如此這般，終將過去」。事實上，行爲馬上就開始發生變化，而且，在新組織公布的十二到十八個月之內，運作就已經上軌道了。如同吉姆・歐文斯回想時所說的：「不到三年你就可以清清楚楚地看到，一場眞正的企業復興就此展開了。

「這是企業改革成功而得以重生的大事，是一場壯觀的企業轉型，把百廢待舉的公司轉化成一家充滿創業熱忱的企業。而且轉型過程非常快，因爲這個過程確定、完整、徹底、普遍而且全世界通用，我們全部畢其功於一役。這是個大躍進。

「我堅信，如果你能做到適才適任和目標明確，人人明白，而且不隨便干預，就一定會成功。」

本書之研究基礎

本書的研究基礎，來自於多年工作經驗的感想，並融合經濟學原理，配合實證資料而成。我們從事組織轉型這一行，已經有五十年的經驗，對於組織功能異常的原因以及解決方法，有相當扎實的見解。我們根據這些經驗，結合組織經濟學上的創見，開發出一套組織評量工具，我們稱之為「企業基因剖析器」（*Org DNA Profiler*^{SM}）。從二〇〇三年十二月到二〇〇五年一月，在我們的網站 www.orgdna.com 上，自願完成企業基因剖析器問卷調查者，計有三萬人次。此外，在我們為客戶服務的過程中，不論是營利機構或非營利機構，我們也都為他們設置了企業基因專屬網站，從這些專屬網站，我們取得了一萬五千多份的問卷結果。這些專屬網站，我們採用密碼保護的方式來收集分析員工對組織的看法。

我們根據經驗，歸納出組織的七大類型——有的類型，組織「健康」情形良好，有的則否——我們用這七大類型來描述常見的組織，適用於企業、政府部門、非營利組織，和／或學術機構。而組織構成區塊：決策權、資訊、激勵機制，和組織結構，各區塊間的互動方式，決定了組織類型。

我們除了可以用這四項構成區塊，及其相互結合的方式來描述各種組織的特性之外，還能據此斷言，組織能否有效執行、有所成就。正如核甘酸構成了人類ＤＮＡ，這四項構成區塊決定了組織的遺傳特性。所以，我們稱之爲企業ＤＮＡ或是Org DNA。用ＤＮＡ來象徵組織，我們並不是第一個，我們只是第一個用這種方式來運用企業ＤＮＡ的人。

二〇〇三年十一月，我們在博思艾倫諮詢公司的商業季刊，《策略＋商業》（*strategy＋business*）上發表了一篇文章，名爲「組織ＤＮＡ之四大基礎」（The Four Bases of Organizational DNA），透過這篇文章，我們正式將此架構公諸於世。這篇文章刊出之後，我們獲得了很大的迴響，於是博思艾倫在二〇〇三年十二月八日推出了www.orgdna.com 這個網站，除了進一步介紹企業ＤＮＡ之外，還提供問卷調查功能，以十九道問題詢問瀏覽者對其組織的看法，他們只要在線上填寫即可完成。（詳圖Ａ·1）。

這個評量工具，有點像組織的「個性測驗」，建立在網頁上，瀏覽者可以立即得到結果，讓他們在短短的五分鐘之內，瞭解自己組織的ＤＮＡ類型（詳本章「七種類型」乙節）。受測者答完十九道題目之後，就會進入到組織的「診斷」畫面，網頁會針對其狀況，提供相關文獻的連結網址，以及建議的處方。

除了這十九道題之外，企業基因剖析器還會問受測者個人一些人口統計上的資料（例如，組織規模、所屬產業、受測者之層級和部門）。我們據此將問卷調查結果加以分類，找出產業、

圖 A・1—企業基因剖析器：依構成區塊條列十九道問題

構成區塊	問題	答案選項	
組織架構	1・一般中級主管的直接下屬的平均數目是……	・5個或以上	・4個或少於4個
	2・員工晉升包括平級調動（在組織內同一個層級不同職位的調動）	・同意	・不同意
	3・具有「快速晉升潛力」的員工，預計隔多少年可以獲得晉升？	・每隔3年或3年以上	・不到3年
決策權	4・貴公司的企業文化，最準確的描述為……	・說服和勸導	・命令和控制
	5・重要的策略決策和經營決策能迅速付諸行動	・同意	・不同意
	6・總部職員的主要任務是……	・稽核事業單位	・支援事業單位
	7・企業內層級比我高的主管，會「親自下海」參與作業決策。	・經常	・極少
	8・企業內部常有人對已經作出的決定加以批評	・同意	・不同意
	9・每個人都很清楚他/她自己所負責的決策/行動	・同意	・不同意
資訊	10・整體上，貴公司可以成功地因應競爭環境中的重大變化	・同意	・不同意
	11・和競爭環境有關的重要資訊能迅速地傳達到總部	・同意	・不同意
	12・基層員工能得到足夠的資訊，以了解其日常行為對企業損益的影響	・同意	・不同意
	13・我們很少向市場送出矛盾的資訊	・同意	・不同意
	14・資訊在各部門之間能自由流通	・同意	・不同意
	15・基層主管能夠取得衡量指標以掌握其業務上的關鍵因素	・同意	・不同意
激勵機制	16・如果今年企業整體上並不好，但某個部門表現卻不錯，該部門的主管仍然能獲得獎勵	・同意	・不同意
	17・除了薪水之外，還有許多其它因素可以激勵員工把工作做好	・同意	・不同意
	18・考核系統能夠清楚地把員工個人表現分別出來（表現優秀、一般和不佳）	・同意	・不同意
	19・達成績效目標的能力，對職位晉升和薪酬有重大的影響	・同意	・不同意

註：另備有使命導向分類的版本

功能、管理層級，及其他因素所產生的差異。如果是幫客戶設立專屬網站，則我們會針對客戶設計這些人口統計問題，以建立一套適合他們的比較群組（例如，受測者的部門／工作地點，他或她是否來自於被合併公司）。不論是公開網站或是客戶專屬網站，我們在收集資料和發表結果時，都絕對採取匿名方式——包括公司名稱和個人姓名。所收集的資料，我們只用來作比較分析而已。

企業基因剖析器把我們多年的經驗，以及我們在企業組織方式和表現績效的研究成果，加以濃縮提煉，根據瀏覽者組織類型，提供一條捷徑，讓他們很容易取得進一步的資訊和處方。我們在網站上提供了一系列的文章供網頁瀏覽者下載，這些文章介紹企業DNA的觀念以及如何調整以達成績效，除了我們二人之外，還有很多是博思艾倫諮詢公司同仁所寫的。

企業基因剖析器的觀念和研究結論之所以能吸引那麼多人，嚴格來說，就因爲淺顯易懂；大家瞭解DNA的比喻，而且，組織有特殊「性格」這樣的說法，也有助於大家預測組織的行爲模式，和說明組織的缺點。企業DNA的觀念，巧妙地超越了文化的（往往失之於主觀）和結構的（往往失之於僵化）改善方式。企業DNA是多元的，綜合了許多變數來解釋結果。企業裡的人，由於發現這些大家所熟悉的因素，一再地導出我們所說的結果，所以就會覺得我們的想法很正確。現在，他們可以把這些因素獨立出來，找出發生異常的地方，然後解決問題。

而且，用DNA作比喻可以更有效地讓大家瞭解，單獨只修補一個元件（例如組織架構）所導致的傷害。任何一項構成區塊的改變，很可能會造成其他三塊的不良變化，不僅無法改善企業，反而讓企業問題惡化。我們所開發的架構則充分考慮各區塊間的相互影響力，確保改善措施的結果能符合預期。

企業DNA除了提供架構，讓大家對組織作直觀的瞭解之外，還針對各種會危害組織績效的病症，提出實際而且具體可行的處方。這正是本研究的最大貢獻。從我們不斷累積的資料庫中所得到的規律和通則，不僅可以讓過去的案件更爲清楚，還可以應用到相同類型的組織上。

企業基因剖析器所收集到的資料吸引了世界各地各行各業的興趣。其中包括二十三種產業（從金融業，到交通運輸業，到能源產業），以及十餘種企業內部門／功能性單位（例如，人力資源、資訊，和法務等）的分析。我們還有關於企業職位和層級的資料（例如，高階主管、總部幕僚等）。

二〇〇四年開始，我們增設「國別」這個欄位以取得地理位置資訊，如今，我們已經有來自一百多個國家的資料。網站也翻譯成十二種語言，包括德文、日文，和中文。企業基因剖析器所取得的是全球企業非常廣泛的橫剖面資料，而我們的結論，則來自於這些扎實的資料。由於不斷地有人進到網站上填寫問卷，我們會定期更新研究結果，以反映這些新資料。您可以到 www.orgdna.com 下載最新的結果。

七種類型

企業基因剖析器上的十九道問題是依照四項構成區塊來編排的：決策權、資訊、激勵機制，和組織架構。然後根據受測者所填的答案，將他或她的組織，歸到七種「類型」的其中一種。

大多數企業可以根據其四項構成區塊的特性以及相互整合的方式，歸類於七種類型中的一種。但不是每一家企業都如此——有些受測者所塡的資料顯示出多種特性，我們只好將之歸入「不詳」這項。而且，並不是同一家企業的所有受測者，都會得到相同的歸類。雖然每家企業只有一種最重要的類型，但他們仍然是不同觀點和不同類型的綜合體。事實上，這些不同的觀察點，正好可以協助我們找出正確的處方。

企業基因剖析器的人口統計資料

受測者來自於各行各業，也來自於不同的部門和層級（詳圖A・2和A・3）。

類型分析：大多數人認爲其企業「健康」情形不佳

從我們這版所取得的資料，在三十萬名受測者之中，超過半數以上的人認爲自己的企業「不健康」（即消極進取型、時停時進型、過度膨脹型，或過度管理型）。那幾乎是認爲自己企業「健康」（即韌力調節型、軍隊型，和隨機應變型）的二倍。

如圖A・4，消極進取型是最多的類型，占了百分之二十七。百分之十的受測者認爲他們的企業爲過度膨脹型，過度管理型占百分之九，時停時進型則占百分之八。認爲自己企業爲韌力調節型的只占百分之十七。

圖 A・2—公司規模分布圖

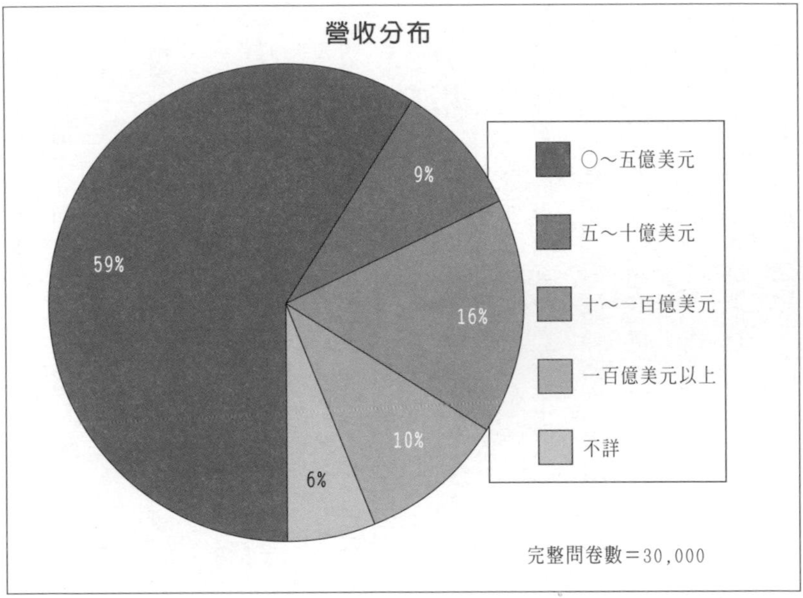

圖 A・3—部門和層級分布圖

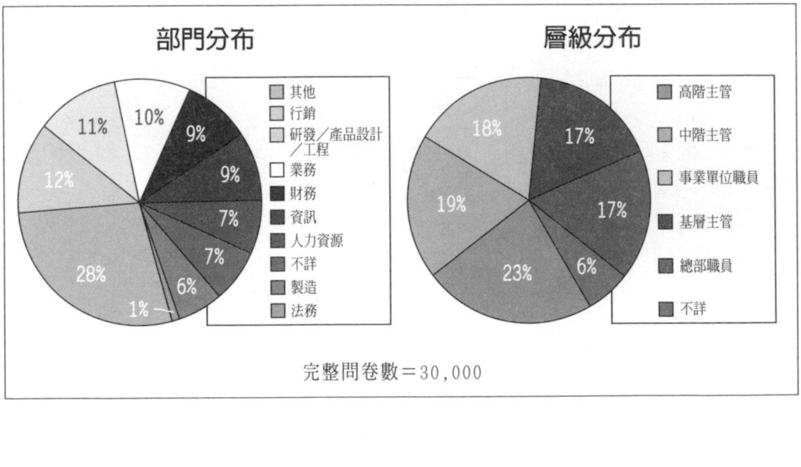

圖 A・4—企業基因分布圖

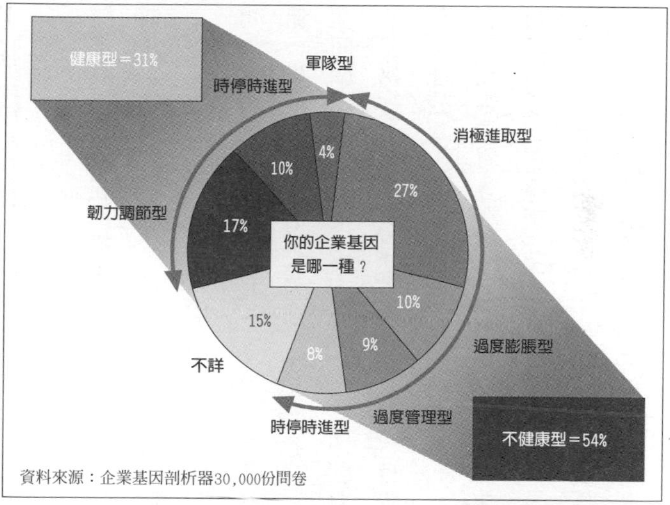

資料來源：企業基因剖析器30,000份問卷

圖 A・5—企業基因與規模關係圖：健康成長不容易

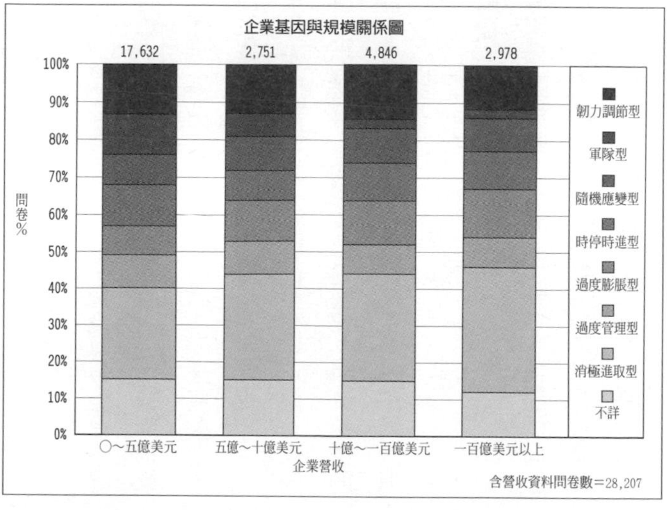

企業規模分析：企業DNA隨著企業成長而改變

雖然我們的資料爲橫剖面資料（而非時間數列資料），我們仍可以看出，企業很少能作「健康」成長，「健康」成長是例外而不是通則（詳前頁圖A．5）。特別是當我們把資料按企業規模（營業收入）分析時，我們可以推論，企業在成長時，會經歷某幾個階段。從這些觀察，我們可以斷言，在成長過程中，企業DNA並沒有爲了適應成長及競爭環境變化而進化。

第一階段：〇—五億美元。小型企業（就年營業收入而言）的受測者比大型企業的受測者更傾向於認爲其企業爲「健康」型（即韌力調節型、軍隊型，和隨機應變型）。這些類型的企業，在執行上頗具效力。這個結論符合直覺，因爲小型企業通常比較年輕，而且創辦人通常還在管理公司，所以企業願景和策略比較容易讓員工瞭解，也比較容易整合。此外，規模小，也比較容易對外在的市場環境變化，作快速而敏捷的調整。

第二階段：五億美元—十億美元。一旦企業規模跨過五億美元的門檻之後，他們傾向於由一組強力的高階團隊來帶領公司，以中央極權的方式解決日益困難的協調整合問題。很自然地，軍隊型企業是這個區間的主角。我們也發現，過度膨脹型企業顯著增加了，顯示在這區間裡，很多企業因爲權力不當地集於中央，而變得行動遲緩呆滯。資料顯示，軍隊型、過度膨脹型，和消極進取型的增加，大部分來自於韌力調節型和隨機應變型的減少。似乎，很多企業在成長之時，喪失了執行和應變的能力。

第三階段：十億美元—一百億美元。企業規模一旦超過了十億美元，就變得非常龐大而且複雜，以致沒辦法由一小組高階主管，以命令和控制的方式，作有效的領導。企業因而不得不將權力下放。我們看到時停時進型的比率在這個區間內增加了，顯示權力下放的過程，並不是做得很理想。也許地區主管在決策上得到授權，但是配套的激勵機制和適當的資訊卻付之闕如。消極進取型在這個區間裡，比率也不斷地增加。顯示組織架構和作業程序整合不良、協調困難，造成了怠惰和困惑，最後導致執行上的失敗。

第四階段：超過一百億美元。營業收入超過十億美元之後，「健康」類型（即韌力調節型、軍隊型，和隨機應變型）的比率仍然持續下降，顯示隨著規模成長，有效營運變得更加困難。在這區間裡，過度膨脹型最多了。

獲利能力分析：「健康」就是財富

企業基因剖析器上線之後幾個月，我們加上了相對獲利能力這個問題，以驗證我們的想法：企業「健康」情形會影響其獲利能力。我們詢問受測者，他們公司的獲利能力和同業平均相較，是優於、不如、大約相同，或是不知道／不適用。

結果正如所料，來自「健康」型企業（即韌力調節型、軍隊型，和隨機應變型）的受測者，傾向於認為他們的公司獲利能力優於平均（詳圖A・6）。

然而，單靠組織「健康」，本身並不足以發生作用。企業要成功，除了無懈可擊的執行力之外，還必須要有良好的策略。這說明了何以在韌力調節型企業之中，還有百分之六認為公司的獲利能力低於同業平均。他們也許「健康」情形良好，執行力不錯，但所執行的策略，卻可能是錯誤的！

層級分析：高度決定態度

企業基因剖析器吸引了各個階層的興趣。百分之二十三的受測者表示他們為高層主管，百分之十九為中層主管，百分之十八為事業單位職員，百分之十七為基層主管，以及百分之十七為總部職員。

然而，我們的研究結果顯示，最上層主管的看法和其他群組有很大的落差，表示高層主管和其他人之間，有基本上的隔閡。特別是高層主管對自己企業「健康」上的評價，往往比較樂觀（詳圖A・7）。

在我們的研究當中，高層主管比其他的群組更傾向於認為他們的企業為「健康」型：即韌力調節型、軍隊型，和隨機應變型。事實上，高層主管填完問卷之後，所得到的結果往往是「健康」類型，反之，其他層級得到的則是「不健康」類型。

圖 A・6—企業基因與獲利能力關係圖

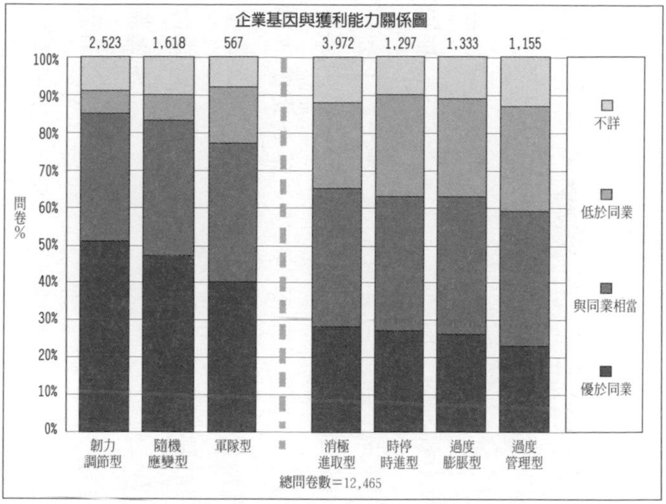

圖 A・7—企業基因與層級關係圖：高度決定態度

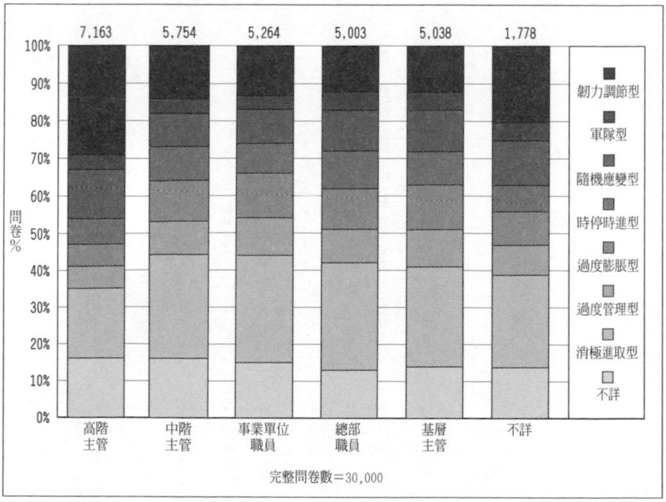

如果再深入去探討每一道問題，就會發現高層主管對每個問題都有過於樂觀的偏差。最值得注意的是，對於「重要競爭資訊可以快速地反映到總部」這個問題，高層主管的回答遠比其他群組更爲肯定。由於高層主管和其他群組對於組織效率的認知有很大落差，再加上他所有的群組都要向高層主管報告，我們不禁要質疑，這些高層主管所得到的資訊，究竟能夠好到哪裡去？

我們還發現，就問題層次分析，不論是在事業單位職員和總部職員之間，還是在基層主管和中層主管之間，大家都普遍認爲，組織裡，「決策之後常常遭到批評」。但是，大家對總部職員角色的看法，似乎有不對等情形。事業單位的職員認爲，在他們公司裡，「總部職員的主要任務在於稽核事業單位」。然而，總部職員則認爲他們自己的任務在於支援事業單位，而且，高層主管普遍上也持相同的看法。這表示，就總部所提供的服務而言，總部自己的認知和事業單位所感受到的，兩者之間有基本上的落差。這些認知上的差異會導致組織在功能上發生重大障礙。

區域分析：全球的差異現象

自從我們開始在問卷中詢問受測者的國籍資料後，大約已經取得了二萬份的完整問卷，我們發現各區域存在顯著的差異。

其中一項差異是，歐洲的受測者，整體上而言，遠比美國受測者更傾向於認爲他們的公司爲「健康」型，此外，歐洲受測者的人數大約是美國的二倍（詳圖A．8）。這項結論，即使再進一步作營收規模和管理層級分析，也依然成立，雖然平均而言，北美的受測者，層級比較高，因此，會讓人以爲他們的評估應該較爲樂觀才對。

這項差異主要來自於歐洲企業和美國企業對於資訊流以及水平升遷的看法迴然不同。歐洲人比美國人傾向於認爲「重要資訊可以快速地反映到總部」以及「員工晉升包括橫向調動」。或許經濟和文化上的差異，會造成兩者的觀點有所不同，但是我們也可以認爲，美國企業在資訊移動上，成效不彰，因爲一方面缺乏正式的溝通管道，另一方面則因爲管理幹部很少在組織裡作橫向調動，所以也就無法建立非正式資訊網路。

其他的區域性差異也頗爲明顯。例如，日本的受測者遠比北美和歐洲的受測者更傾向於認爲他們的公司爲消極進取型；而拉丁美洲回應最多的是過度膨脹型。

產業差異：規模和環境的影響深遠

從整個資料來看，「不健康」企業比率最高的五種產業（依序）爲：公用事業、醫療保健業、能源產業、汽車及零配件業，和科技硬體業（詳圖A．9）。最「健康」的產業則爲：房地產業、食品／飲料／煙草業、消費性商品業、商業服務及物流業、零售業，和飯店／餐飲／

休閒業。

只要大略看一下這些統計結果，我們就可以輕易發現，決定因素在於規模。一般而言，企業小，則比較「健康」，而公用事業，平均而言，規模比房地產業大。但是，當我們把各產業在規模相同的區間內作比較時，我們發現，公用事業還是列於最差的四分之一……在四個規模區間內都是如此。在四個營收規模區間裡，可以發現其中有三個區間，醫療保健業、資本性產品業，和能源公司總是名列最差的六個產業。我們猜測這些散漫的公司之所以能夠生存，可能是因爲其所處的產業受法令規範和／或資本密集。高度的進入障礙讓這些企業受到保護，免於失敗。相對的，「健康」型企業則廣泛分布於各種開放競爭的產業中。

總之，根據數十年的經驗，加上對組織經濟學的基本認識，我們把這個直觀的想法發展成獨特的組織評量工具，同時也是組織追求和維護「健康」的指導原則。如果您想進一步瞭解企業基因剖析器——不論是作研究或找處方——我們歡迎您到 www.orgdna.com 瀏覽，取得最新資料。

圖 A・8—歐洲企業基因明顯地比較健康

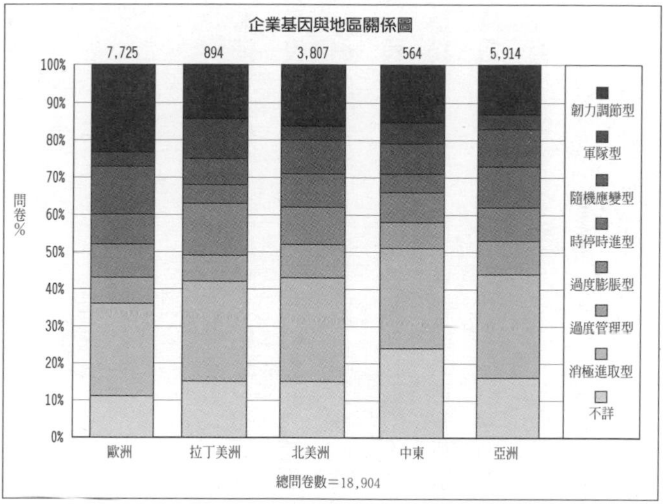

圖 A・9—產業別分析

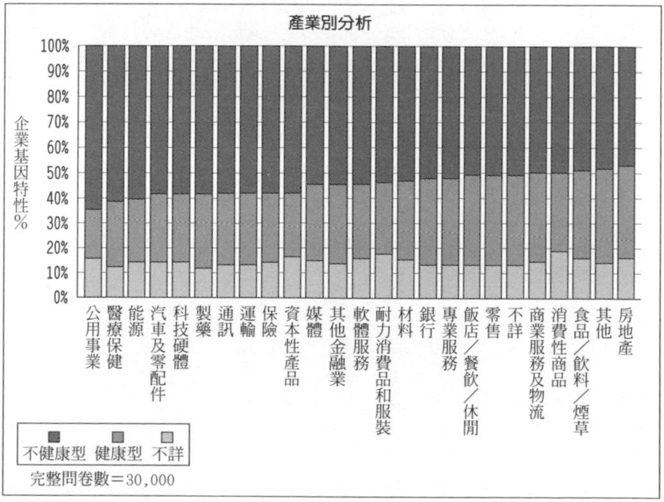

謝辭

賈利・尼爾遜和布魯斯・巴斯特納

本書是各界賢達的觀點、創意、和努力的結晶。雖然列在封面上的是我們二人的名字，但如果沒有這麼多人協助，我們也許就無法完成本書。

我們的客戶來自三百多家企業，他們將我們的想法發揮得淋漓盡致，使我們對自己的工作感到興奮不已。我們彼此合作已有五十多年，爲這些企業、政府、和其他組織的領導人服務，是我們的殊榮，而這些領導人則提供我們觀念上的基礎，使我們能夠得到成果。我們要特別感謝這些組織和個人，他們把自己的故事提供給本書：嘉吉企業的吉姆・黑梅克、巴布・蘭普金斯（Bob Lumpkins）、格雷・佩吉（Greg Page）、和華倫・史戴立（Warren Staley）；卡特彼勒的格林・巴頓、唐・菲茨、吉姆・歐文斯、和喬治・謝佛；奇基塔公司的賽瑞斯・傅瑞德漢；澳洲聯邦銀行的大衛・莫瑞；聯邦快遞的比爾・卡希爾；四季飯店的史丹・布隆利；寶潔的克萊頓・戴利；日產企業的卡洛斯・高恩和帕斯卡・馬丁（Pascal Martin）；探索診斷公司的肯尼・費里曼和蘇利耶・默哈帕特拉；7-Eleven 的吉姆・凱耶斯；特奧會的提姆・施萊佛·，賽門鐵克的約翰·湯姆森·，以及二四／七客服公司的P·V·坎楠。他們的經驗和本書的觀念相得益彰。

我們博思艾倫諮詢公司的夥伴都是非常傑出的專業人士和工作同仁。我們要特別感謝那些和我們一起去尋找並鼓勵他人爲本書述說自己故事的人，尤其是狄恩·阿奎爾（DeAnne Aguirre）、蓋瑞·奧奎斯（Gary Ahlquist）、保羅·布蘭斯達（Paul Branstad）、安德魯·克萊迪（Andrew Clyde）、文內·辜托（Vinay Couto）、保羅·柯古瑞克（Paul Kocourek）、迪休·曼德斯（Decio Mendes）、珍·米奇尼考斯基（Jan Miecznikowski）、雷·莫勒（Les Moeller）、馬克·莫朗（Mark Moran）、德米特·秀騰（Dermot Shorten）、和艾瑞克·史匹格（Eric Spiegel）。博思艾倫諮詢公司的管理團隊，包括勞福·史瑞德（Ralph Shrader）、丹·劉易士（Dan Lewis）、喜歡爾·勉納第（Ceasare Mainardi）、和默里·樂奇（Marie Lerch）等人，在整個過程中鼎力相助，並提供資源。蘭道爾·羅森伯格（Randall Rothenberg）啓迪、並鼓勵我們做這項專案，而且在故事建構的初期階段提供我們非凡的創意。我們的技術團隊彼得·韓（Peter Hahn）和蘭蒂·強生（Randy Johnson）協助我們推出研究調查工作，麥可·包爾格（Michael Bulger）和艾瑪·范·魯顏（Emma van Rooyen）則協助我們解讀訊息。

我們還要特別感謝凱倫·范·紐斯（Karen Van Nuys）。凱倫是開發企業DNA架構和剖析器網頁的得力助手，協助我們建立網頁內容，審閱初稿，並確保我們的工作構想和分析基礎正確無誤，把工作交給她，我們非常放心。

我們有幸能夠和非常有才華的泰拉・歐文（Tara Owen）合作，她是寫作和說故事的高手，把我們的顧問語言轉化成人人愛讀的文章。在本書寫作期間，泰拉特別挪出幾個月的時間來爲我們負責文字工作，讓文章更爲生動。本書的支援小組，薇琪・安德生（Vicki Anderson）、貴成・霍爾（Gretchen Hall）、安納米卡・欣賀（Anamika Singhal）、依羅娜・史蒂芬（Ilona Steffen）、和布蘭達・威廉斯（Brenda Williams）讓我們在整個過程中能夠按部就班合作無間。蘿拉・布朗（Laura Brown）協助本書的早期開發階段。

我們的出版經紀人吉姆・李文尼（Jim Levine）協助本書設定寫作重點，並且提供理想和現實兼顧的建議。我們的編輯，皇冠商學出版社（Crown Business）的約翰・馬哈尼（John Mahaney）總是提供我們建設性、思慮周密、並具創意的建議；本書能夠引起各組織內每一個人的共鳴而不僅只於高階經理人，他幫了很大的忙。他在結構、行文、和語句上的指導，則讓本書生色不少。

最後，謝辭如果沒有提到我們二人的太太：楚蒂・黑文絲（Trudy Havens）和琳・巴斯特納（Lynne Pasternack），以及子女：艾瑞克（Eric）和琳茜・尼爾遜（Lindsay Neilson）及瓊安（Joanne）、蘿拉（Laura）、和丹・巴斯特納（Dan Pasternack），就不夠完整。他們忍受我們數個月來長期的熬夜、週末加班、假日及不當時間受到電話侵擾、以及無法放下心來好好休息。他們的支持對我們意義重大，遠非我們所能衡量。

作者介紹

賈利・尼爾遜 (Gary L. Neilson)

一九八〇年起即在芝加哥博思艾倫諮詢公司服務，現爲高級副總裁。他也是博思艾倫諮詢公司的董事和經營委員，並且在芝加哥辦公室擔任執行合夥人。

賈利在該公司擔任全球業務主管，提供財星一千大企業有關經營模式轉型、組織模式設計、組織再造，和重大改革提案等服務。他的客戶遍及各行各業，包括：消費性產品業、零售業、公用事業、交通運輸業、汽車業、醫療業、製造業、銀行業，和保險業等。他在公司服務了二十五年，客戶超過二百五十家，協助企業和政府機構解決組織問題。

賈利帶領「全球博思艾倫小組」，發展企業ＤＮＡ概念，並且展開「組織以創造績效」(Organizing for Results) 相關服務，協助客戶診斷並解決組織效率和策略推動等問題。該小組研究資料庫包括來自一百多個國家五萬多份的企業ＤＮＡ資料。賈利在組織設計和轉型方面，至少已經發表了二十五篇文章，包括獨自發表和共同發表，也曾經受邀參加ＣＮＢＣ的Power Lunch和ＡＢＣ的World News This Morning 等節目。

賈利擁有哥倫比亞大學財務管理之管理碩士學位，同時也因財務管理之整體在學成績優良而獲得華爾街日報獎。他也是英皇書院（King's College）會計學學士，畢業時，因成績特優而榮獲 S. Idris Ley 紀念獎。

布魯斯・巴斯特納（Bruce A. Pasternack）

國際特殊奧林匹克運動會（Special Olympics）的總裁兼執行長，該會總部設於華府，終年爲來自五十多個國家約二百萬名智能障礙人士及兒童舉辦運動訓練和體育賽事。在加入特奧會之前，布魯斯於一九七八年即進入博思艾倫諮詢公司工作，最後擔任高級副總裁和舊金山辦公室的執行合夥人。博思艾倫的舊金山辦公室是由布魯斯所創立，專注於組織和策略領導業務，協助客戶解決組織、經營模式轉型、領導，和公司治理等問題。布魯斯也是博思艾倫諮詢公司的董事和經營委員，並擔任全球業務的執行合夥人，負責能源、化學，和製藥等產業。

布魯斯與人合著《*The Centerless Corporation*》（中譯：e紀元組織），並且發表超過二十五篇有關組織和領導的文章。其中「Yellow Light Leadership」（暫譯：黃燈領導）一文曾刊登於二○○三年的華爾街日報。布魯斯還帶領博思艾倫團隊爲世界經濟論壇（World Economic Forum）作有關「企業如何爲組織的領導和更新加強能力」的研究，並將結果發表在瑞士達沃士（Davos）大會上以及《策略＋商業》（*Strategy*＋*Business*）期刊上。他也曾經上過許多電視節目，如：CNBC、CNN、CBS，和NPR等。

布魯斯加入博思艾倫之前，曾在美國聯邦能源總署擔任政策和計畫評估副管理員，負責能源政策發展和協調的執行面工作，並且擔任總統辦公室能源委員會的主要幕僚。他曾任職於總統辦公室的環境品質委員會和奇異公司。布魯斯分別從紐約古柏聯合大學（Cooper Union University）和賓州大學獲得工程和作業研究學位。他目前服務於古柏聯合大學校董會，也曾經任職於國際特奧會董事會、史丹佛商學研究所顧問委員會、南加大有效組織（Effective Organizations）顧問會議、海灣地區委員會（Bay Area Council），及西部地區催化劑委員會（Western Regional Advisory Board of Catalyst）。

國家圖書館出版品預行編目資料

從後果到成果 / 賈利・尼爾遜（Gary L. Neilson），
布魯斯・巴斯特納（Bruce A. Pasternack）作；
林茂昌譯. －－初版. －－臺北市：大塊文化，
2006[民 95]
面；　公分. --(touch；47)
譯自：Results: keep what's good, fix
what's wrong, and unlock great performance

ISBN 978-986-7059-42-0（平裝）

1. 組織（管理）

494.2　　　　　95023124

10550 台北市南京東路四段25號11樓

廣 告 回 信
台灣北區郵政管理局登記證
北台字第10227號

大塊文化出版股份有限公司 收

請沿虛線撕下後對折裝訂寄回，謝謝！

地址：□□□□□ ＿＿＿＿＿市／縣＿＿＿＿＿鄉／鎮／市／區

＿＿＿＿＿＿＿＿路／街＿＿＿段＿＿＿巷＿＿＿弄＿＿＿號＿＿＿樓

大塊 LOCUS 文化

編號：TO047 書名：從後果到成果

大塊 LOCUS 文化 **讀者服務卡**

謝謝您購買本書！

如果您願意收到大塊最新書訊及特惠電子報：

- 請直接上大塊網站 **locus**publishing.com 加入會員，免去郵寄的麻煩！
- 如果您不方便上網，請填寫下表，亦可不定期收到大塊書訊及特價優惠！
  請郵寄或傳眞 +886-2-2545-3927。
- 如果您已是大塊會員，除了變更會員資料外，即不需回函。
- 讀者服務專線：0800-322220；email: locus@locuspublishing.com

姓名：______________________ **性別**：□男 □女

出生日期：_____年_____月_____日 **聯絡電話**：__________________

E-mail：______________________________________

從何處得知本書：1.□書店 2.□網路 3.□大塊電子報 4.□報紙 5.□雜誌
6.□電視 7.□他人推薦 8.□廣播 9.□其他

您對本書的評價：
（請填代號 1.非常滿意 2.滿意 3.普通 4.不滿意 5.非常不滿意）
書名_____ 內容_____ 封面設計_____ 版面編排_____ 紙張質感_____

對我們的建議：______________________________________

LOCUS

LOCUS

LOCUS

LOCUS